工业和信息化部"十四五"规划教材

# 航空发动机燃烧室原理
## （第 2 版）

何小民　张净玉　韩启祥　李建中　编著

北京航空航天大学出版社

## 内 容 简 介

本书以航空发动机燃烧室为对象,详细介绍了主燃烧室的结构、工作原理、性能特点和变化规律,叙述了与航空发动机燃烧室有关的燃烧基本理论,分析讨论了主燃烧室主要部件如扩压器、火焰筒等的流场特点和流动原理,以及燃油雾化基本理论和喷嘴特性,详细描述了燃烧室的燃烧过程、燃烧室气动热力参数计算方法和燃烧室性能变化规律,深入讨论了燃烧室的冷却原理及冷却技术特点。除此外,也对加力燃烧室的基本结构、工作原理和性能要求进行了简要介绍。

本书内容全面系统、深浅得当,既可作为飞行器动力工程、能源与动力工程等专业的本科生教材,也可作为从事航空发动机、燃气轮机燃烧室研究的科研人员、工程技术人员以及高校教师和研究生的参考用书。

**图书在版编目(CIP)数据**

航空发动机燃烧室原理 / 何小民等编著. -- 2 版. -- 北京:北京航空航天大学出版社,2024.2
ISBN 978-7-5124-4144-6

Ⅰ. ①航… Ⅱ. ①何… Ⅲ. ①航空发动机燃烧—燃烧室—研究 Ⅳ. ①V231.2

中国国家版本馆 CIP 数据核字(2023)第 152210 号

**版权所有,侵权必究。**

**航空发动机燃烧室原理(第 2 版)**
何小民 张净玉 韩启祥 李建中 编著
策划编辑 董 瑞 责任编辑 董 瑞

\*

**北京航空航天大学出版社出版发行**

北京市海淀区学院路37号(邮编 100191) http://www.buaapress.com.cn
发行部电话:(010)82317024 传真:(010)82328026
读者信箱:goodtextbook@126.com 邮购电话:(010)82316936
北京富资园科技发展有限公司印装 各地书店经销

\*

开本:787×1 092 1/16 印张:10.5 字数:269 千字
2024年2月第2版 2024年2月第1次印刷 印数:1 000 册
ISBN 978-7-5124-4144-6 定价:45.00 元

若本书有倒页、脱页、缺页等印装质量问题,请与本社发行部联系调换。联系电话:(010)82317024

# 前 言

涡轮喷气发动机自20世纪30年代出现以来，航空发动机燃烧室的气动参数和燃烧技术就得到了长足发展。燃烧室进口压力从0.5 MPa上升到5 MPa以上，进口空气温度从450 K提高到950 K以上；燃烧室性能也得到了极大提高，燃烧室出口温度从1 100 K提高到2 000 K以上，温升从不足500 K提高到1 300 K，燃烧效率达到了99.9%以上，点/熄火性能不断提高；发展了宽油气比稳定高效燃烧、高效低排放等多种燃烧组织技术，也研制了多型先进高性能燃烧室。与此同时，燃烧基础理论、航空发动机燃烧室流动和燃烧原理也在不断发展完善之中，并促进了燃烧室分析和设计水平的提高。

航空发动机燃烧室的流动和燃烧是一个极为复杂的过程，涉及了流体力学、化学反应、两相燃烧和传热等多学科、多领域的知识。本书以航空发动机燃烧室为对象，在读者已经具备了必要的物理、化学以及航空发动机原理、构造等基本理论知识的前提下，详细介绍了航空发动机主燃烧室的工作特点、技术要求和性能表征参数，全面阐述了与航空发动机燃烧室相关的化学反应动力学、两相燃烧基础理论，分析讨论了燃烧室主要部件，包括扩压器、火焰筒等的流场结构、特点和流动组织原理，对燃烧室常用的喷嘴结构、性能特点以及燃油雾化的基本理论、性能参数等进行了详细介绍。在此基础上，综合流动、燃油和燃烧基本原理，详细叙述了燃烧室燃烧过程、燃烧室气动热力参数和燃烧室性能的计算方法、变化规律等，最后讨论了燃烧室热防护的重要性，以及主燃烧室火焰筒加力燃烧室隔热屏和主燃烧室喷嘴的热防护的基本原理和技术特点。

本书以航空发动机燃烧室为对象，涉及内容全面系统，难度深浅得当，既可作为飞行器动力工程、能源与动力工程等专业的本科生教材，也可作为从事航空发动机、燃气轮机燃烧室研究的科研人员、工程技术人员以及高校教师、研究生等的参考用书。

全书包括航空发动机燃烧室概述、燃烧原理基础、扩压器流动、燃烧室空气流动、燃油雾化和喷嘴、燃烧过程和燃烧室性能、加力燃烧室和燃烧室热防护共8章内容，其中第1、3、4、6、7章由何小民编写，第2章由韩启祥编写，第5章由李建中、何小民共同编写，第8章由张净玉编写，全书由何小民审核统稿。

作者长期工作在航空发动机燃烧室科研和教学的第一线，对编写本教材也尽了最大的努力，但疏漏和错误之处在所难免，敬请读者批评指正。

作　者<br>
2023年8月

# 目 录

## 第1章 航空发动机燃烧室概述 ... 1
### 1.1 燃烧室基本结构 ... 3
### 1.2 燃烧室性能特点和参数 ... 7
### 思考题 ... 12

## 第2章 燃烧原理基础 ... 13
### 2.1 化学动力学基础 ... 13
#### 2.1.1 化学反应速率 ... 13
#### 2.1.2 质量作用定律及反应级数 ... 13
#### 2.1.3 阿累尼乌斯定律 ... 14
#### 2.1.4 链锁反应 ... 15
### 2.2 着火与熄火过程 ... 17
#### 2.2.1 着火理论 ... 18
#### 2.2.2 熄火理论 ... 23
#### 2.2.3 点火理论 ... 26
### 2.3 火焰传播和火焰稳定 ... 29
#### 2.3.1 层流预混火焰传播 ... 29
#### 2.3.2 湍流预混火焰传播 ... 33
#### 2.3.3 火焰稳定 ... 35
#### 2.3.4 扩散燃烧 ... 39
### 2.4 液体燃料燃烧 ... 42
#### 2.4.1 油珠蒸发或燃烧时的斯蒂芬(Stefan)流 ... 42
#### 2.4.2 油珠蒸发速率及能量平衡 ... 43
#### 2.4.3 油珠的燃烧 ... 45
#### 2.4.4 $d^2$ 定律及油珠寿命 ... 47
#### 2.4.5 油雾燃烧 ... 48
### 思考题 ... 50

## 第3章 扩压器流动 ... 51
### 3.1 扩压器类型 ... 52
### 3.2 扩压器结构和性能参数 ... 54
### 3.3 扩压器流态和性能分析 ... 56
### 思考题 ... 61

## 第 4 章 燃烧室空气流动 ········································································ 62
### 4.1 燃烧室流动参数 ······································································· 62
### 4.2 燃烧室内外环道流动 ································································· 64
### 4.3 小孔射流特性 ········································································· 65
#### 4.3.1 小孔射流轨迹 ································································· 65
#### 4.3.2 小孔射流流量 ································································· 68
### 4.4 旋流器流动特性 ······································································· 69
### 4.5 火焰筒功能区划分及流动特性分析 ················································ 73
### 思考题 ························································································ 77

## 第 5 章 燃油雾化和喷嘴 ········································································ 78
### 5.1 燃 油 ················································································· 78
### 5.2 燃油雾化基本理论 ··································································· 80
### 5.3 喷 嘴 ················································································· 83
#### 5.3.1 直射式喷嘴 ···································································· 83
#### 5.3.2 离心式喷嘴 ···································································· 84
#### 5.3.3 气动雾化喷嘴 ································································· 89
#### 5.3.4 其他类型的喷嘴 ······························································· 91
#### 5.3.5 影响喷嘴雾化的主要因素 ···················································· 93
### 思考题 ························································································ 94

## 第 6 章 燃烧过程和燃烧室性能 ································································ 95
### 6.1 燃烧过程和燃烧热力计算 ··························································· 95
#### 6.1.1 燃烧过程分析 ································································· 95
#### 6.1.2 燃烧过程的热力计算 ························································· 97
### 6.2 燃烧室流阻特性 ······································································· 99
### 6.3 燃烧效率 ················································································ 101
### 6.4 点火性能 ················································································ 104
### 6.5 火焰稳定性能 ·········································································· 107
### 6.6 排放特性 ················································································ 109
#### 6.6.1 有害排放物生成机理和影响因素 ············································ 109
#### 6.6.2 燃烧室排放特性 ······························································· 111
#### 6.6.3 低排放燃烧技术和低排放燃烧室 ············································ 112
### 思考题 ······················································································· 115

## 第 7 章 加力燃烧室概述 ········································································ 116
### 7.1 加力燃烧室工作原理 ································································ 116
### 7.2 加力燃烧室性能参数 ································································ 117

  7.2.1 进口气动热力参数和油气参数 ……………………………………… 117
  7.2.2 加力燃烧室性能参数 ……………………………………………… 118
 7.3 混合扩压器 ……………………………………………………………… 119
 7.4 火焰稳定器 ……………………………………………………………… 122
  7.4.1 非流线体火焰稳定器 ……………………………………………… 122
  7.4.2 非钝体类火焰稳定器 ……………………………………………… 126
  7.4.3 气动火焰稳定器 …………………………………………………… 127
  7.4.4 稳定器布局 ………………………………………………………… 128
 7.5 燃油喷射系统 …………………………………………………………… 130
 思考题 ………………………………………………………………………… 131

# 第8章 燃烧室热防护 …………………………………………………………… 132
 8.1 主燃烧室热防护重要性概述 …………………………………………… 132
  8.1.1 日益提高的发动机性能要求 ……………………………………… 132
  8.1.2 发动机结构可靠性的要求 ………………………………………… 134
  8.1.3 火焰筒冷却的特点 ………………………………………………… 135
 8.2 主燃烧室火焰筒热防护 ………………………………………………… 135
  8.2.1 火焰筒壁面一维传热分析 ………………………………………… 135
  8.2.2 火焰筒基本冷却结构 ……………………………………………… 139
  8.2.3 火焰筒复合冷却结构 ……………………………………………… 142
  8.2.4 火焰筒失效形式 …………………………………………………… 147
  8.2.5 火焰筒材料 ………………………………………………………… 148
 8.3 加力燃烧室隔热屏热防护 ……………………………………………… 149
  8.3.1 隔热屏结构分类 …………………………………………………… 149
  8.3.2 隔热屏冷却方式 …………………………………………………… 150
 8.4 燃烧室喷嘴热防护 ……………………………………………………… 152
  8.4.1 燃油结焦机理 ……………………………………………………… 152
  8.4.2 喷嘴热氧化结焦特性 ……………………………………………… 154
  8.4.3 喷嘴热防护措施 …………………………………………………… 155
 思考题 ………………………………………………………………………… 157

**参考文献** ………………………………………………………………………… 158

# 第1章　航空发动机燃烧室概述

最早的涡轮喷气发动机由英国惠特尔公司和德国奥海因公司在1937年7月和8月研制成功,分别命名为WU和HeS3B。HeS3B在1939年8月27日装在亨克尔公司的He-178飞机上并试飞成功,由此成就了世界上第一架成功飞行的涡轮喷气式飞机,开创了喷气推进的新时代。

航空涡轮喷气发动机的热力循环为典型的布雷顿(Bratyon)循环。理想的布雷顿循环(见图1-1)包括4个热力过程:1—2过程为等熵压缩过程(对应压气机部件),在此过程中空气压力和温度都上升;2—3过程为等压吸热(燃烧)过程(对应燃烧室部件);3—4过程为等熵膨胀过程(对应涡轮、喷管);4—1等压排气过程。燃烧室中典型的热力特征为压力不变,温度升高。

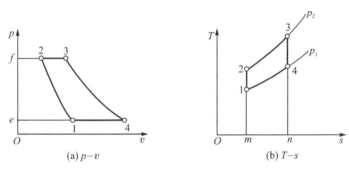

图1-1　理想的布雷顿循环

从结构上看,航空发动机主要包括进气道、压气机、燃烧室、涡轮和喷管等部件(见图1-2)。燃烧室位于压气机与涡轮之间。从压气机出来的高温高压空气流入燃烧室,与从喷嘴供入的燃油进行混合并点火燃烧,提高混合气的温度和热焓,然后高温高压燃气进入涡轮,推动涡轮做功。为便于讨论问题,燃烧室进口截面一般以下标3表示,出口截面以4表示(见图1-3)。

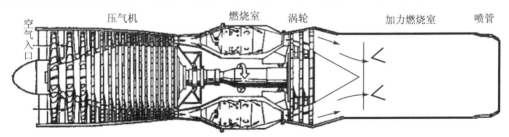

图1-2　航空发动机结构

为了进一步提高空气的利用率,增加发动机推力,军用航空发动机(特别是歼击机用发动机)一般在涡轮后还设有加力燃烧室,相应的涡轮前的燃烧室也被称为主燃烧室。进入加力燃烧室中的气体是在主燃烧室燃烧过并经涡轮膨胀后的燃气。对于涡扇发动机而言,外涵空气也会与内涵道空气混合后进入加力燃烧室。因此,相比于主燃烧室,加力燃烧室中的空气含氧量低,燃烧室内的压力小,燃烧条件相对较差。涡轮出口截面以5表示,混合器出口为6A,加力燃烧室出口为7(见图1-3)。

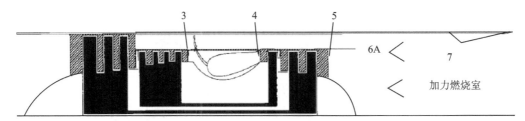

图 1-3 燃烧室截面

从燃烧过程和性能指标来看，主燃烧室与加力燃烧室差不多，都需要经历燃油雾化、蒸发和油气混合等过程，也同样需要满足点火、火焰稳定和燃烧效率等性能；但由于燃烧条件和进出口限制条件存在较大的差异，为此两者在具体的燃烧组织方式、供油方式、稳定器的形式等方面有较大差异。

航空发动机燃烧室的参数和性能指标主要包括几何结构、气动、油气和燃烧等多个方面。相比于常见的地面动力装置的燃烧设备，如锅炉、燃烧器等，航空发动机燃烧室的技术参数要高得多，如航空发动机燃烧室热容强度是锅炉等设备的 10 倍以上；进口速度可以达到 150 m/s，远高于火焰传播速度（<10 m/s）；全工况下火焰稳定的油气比例范围可达 20 倍以上。同时近年来航空发动机的技术参数和指标仍在不断地提高，如燃烧室进口压力、温度和马赫数 $Ma$ 提高到 4 MPa、900 K 和 0.35 以上，燃烧室总油气比、温升分别提高到 0.045 和 1 300 K 以上，出口温度提高到 2 200 K 以上，燃烧室寿命视发动机种类的不同从几百小时增加至 2 000 h 甚至上万小时。相应地，也发展了更多更先进的燃烧技术，比如进一步提升极端条件下的火焰稳定能力、提高容积利用率，拓宽高效率的油气范围。

为组织好燃烧，第一步需要合理匹配燃烧室内的气动参数和油气参数，设计相应的几何结构。总体来看，首先需要有一个空间用于组织燃烧，供入燃油，并和空气进行充分混合，如图 1-4(a)所示。第二步需要把油气混合气点着火并保持火焰稳定。为了实现这个目标，首先要把燃烧室的进口空气速度降下来，通常航空发动机燃烧室进口空气速度一般在 100 m/s 以上，远高于 12 级台风的速度（30 多米每秒）。要想在这样高的空气速度下成功点火和保持火焰稳定，难度可想而知，同时高速度的空气也会带来极大的压力损失。为此，可以在燃烧室进口处设计一个截面面积逐渐增大的扩压通道，将空气速度在出口处降到三四十米每秒。但即使这样，空气流动速度仍远高于火焰传播速度（几米每秒），需要进一步采取措施降低速度。比较简单常用的方法是在火焰前面设置一块挡板，挡住吹过来的空气，从而极大地降低火焰区内的空气速度，类似于在大风中点燃一根蜡烛时用手挡住风一样，如图 1-4(b)所示。第三步要做的工作是设法使其充分燃烧，可以通过合理调节油气比，把主要燃烧区的油气设在化学恰当比附近，同时采用分级分区燃烧的思路来实现。此外，航空发动机燃烧室还需要控制出口温度的高低与分布，这也可以通过供入一部分掺混空气来进行调节，如图 1-4(c)所示。

前面提到的燃烧组织方法以及由此设计的燃烧室总体结构，从涡轮喷气发动机出现以来基本没有变化，改变的是各零组件的形式和气动热力参数，如供油系统、火焰稳定装置、扩压器以及火焰筒开孔布局等。

总之，燃烧室是航空发动机的核心部件，承担着将化学能转化为热能的任务，有着极为苛刻的工作条件和极高的性能要求，相比于地面用的燃烧装置又有着其特有的工作原理和技术要求。

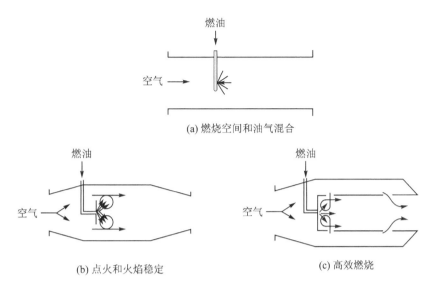

图 1-4 燃烧组织方法

本章主要介绍航空发动机燃烧室的基本结构、工作特点和性能要求。

## 1.1 燃烧室基本结构

燃烧室的总体结构如图 1-5 所示,包括扩压器、燃烧室内外机匣、火焰筒、供油系统和点火系统等。燃烧室内外机匣与火焰筒内外壁面分别构成了燃烧室的内、外环道。火焰筒包括了内外壁面、帽罩和旋流器等。在火焰筒壁面上开有主燃孔、掺混孔和冷却孔等各类进气孔,空气通过这些小孔进入火焰筒内。另外,早期发动机燃烧室往往还会在主燃孔和掺混孔之间开一排补燃孔,用于给中间区补充额外的空气。燃油通过喷嘴进入火焰筒,根据不同的性能要求和结构限制采用压力雾化喷嘴、气动雾化喷嘴、直射式喷嘴、蒸发管和甩油盘等不同类型的喷嘴。

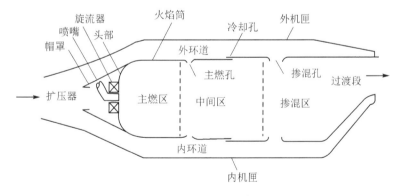

图 1-5 燃烧室结构

按照稳定火焰、高效燃烧和出口温度场的技术要求,火焰筒内常分为3个功能区:处于火焰筒最前端的是主燃区,主要起到点火、火焰稳定、高效燃烧的作用,90%以上的燃料在该区内烧完;紧接着的是中间区,也常称为补燃区,其主要作用是进一步促进燃烧,复合离解产物,以提高燃烧效率;最后一个是掺混区,通过掺混气与火焰筒内的高温燃气有效混合,调控燃烧室出口温度高低和分布。

在帽罩里面,主燃区前端部分也常被称为头部区,主要包括旋流器和喷嘴。另外在现代高温升短环形燃烧室中,由于用于燃烧的空气流量增加且燃烧室长高比不断变化,故一般不再设中间孔,其功能由主燃孔和掺混孔来共同承担。

从燃烧室构型的历史演变来看,航空发动机燃烧室主要有单管燃烧室、环管燃烧室和环形燃烧室3种类型。从装配不同类型的发动机看,又可以分为直流燃烧室(没有直接说明的都是直流燃烧室)、回流燃烧室和折流燃烧室等。

**1. 单管燃烧室**

单管燃烧室的基本结构如图 1-6 所示,由多个单独的燃烧室组成,每一个燃烧室包括两个同心圆环,其外环是燃烧室机匣,内环是火焰筒壁面,各个燃烧室之间通过联焰管相连。早期发动机(如 Whittle W2B、Jumo 004、Dart 和 WP5 等)都采用的是单管燃烧室。在单管燃烧室中,由于各燃烧室之间的区域没有得到利用,因而燃烧室容积利用率低,流动阻力大。随着来流速度的提高和容热强度要求的提高,现代航空发动机中已不再采用这种类型的燃烧系统。

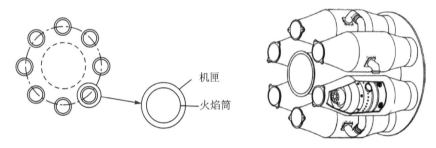

图 1-6 单管燃烧室结构

**2. 环管燃烧室**

环管燃烧室(见图 1-7)是在单管燃烧室的基础上,把各单独燃烧室的机匣联在一起形成一个完整的内外燃烧室机匣的,火焰筒仍保留单管燃烧室的独立结构,各火焰筒之间采用联焰管相连。

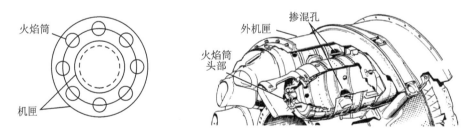

图 1-7 环管燃烧室结构

采用环管燃烧室的发动机包括 GE 公司的 J73、J79,P&W 公司的 J57、J75,RR 公司的 Avon、Spey,以及我国的 WP7、WP13 和 WS9。

**3. 环形燃烧室**

自 20 世纪 60 年代以来,在环管燃烧室的基础上又发展了环形燃烧室(见图 1-8)。相比于环管燃烧室,环形燃烧室把各个独立的火焰筒也联起来了。从轴向截面上看,燃烧室由4个壁面和3个圆环构成:4个壁面从外到内依次是燃烧室外机匣、火焰筒外壁面、火焰筒内壁面和燃烧室内机匣,3个圆环通道分别是内环道、火焰筒和外环道。这种布置方式有利于充分利用空间,也便于组织流场、减小阻力和提高容积利用率。典型的环形燃烧室有F100、F110、CF6-50、JT9D、RB211和国内的WS10等。

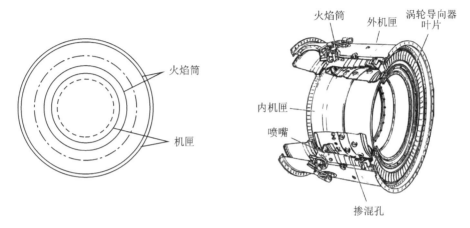

图1-8 环形燃烧室结构示意图

上述3种燃烧室各有优缺点。由表1-1可知,环形燃烧室最突出的优点在于结构紧凑,容积利用率高,流场和燃烧场组织相对容易;缺点在于加工困难,调试时需要模拟全环参数,成本高,难度大,而且一旦损坏则须更换整个火焰筒,维护成本高。

表1-1 3种燃烧室方案的比较

| 类 型 | 优 点 | 缺 点 | 应 用 |
| --- | --- | --- | --- |
| 单管燃烧室 | ① 易于加工;<br>② 油气匹配容易;<br>③ 试验和维护成本低 | ① 笨重,空间利用率低;<br>② 迎风面积大,压力损失大;<br>③ 传焰困难,需要联焰管;<br>④ 与压气机出口流场匹配差 | 早期发动机,地面试验装置的加温器 |
| 环管燃烧室 | ① 易于加工;<br>② 油气匹配容易;<br>③ 压力损失、长度和质量均比单管燃烧室小 | ① 需要联焰管;<br>② 容积利用率、出口温度场均不如环形燃烧室 | 介于早期单管燃烧室和现代环形燃烧室之间 |
| 环形燃烧室 | ① 质量小、长度短、结构紧凑;<br>② 迎风面积、压力损失小;<br>③ 传焰容易;<br>④ 壁面热损失最小;<br>⑤ 出口温度分布好 | ① 试验难度大,成本高;<br>② 油气匹配困难;<br>③ 生产工艺复杂,要求高 | 20世纪70—80年代后研制的发动机 |

从目前发动机采用燃烧室的统计情况来看,单管燃烧室已不再采用,环管燃烧室仍有少量的应用,而环形燃烧室是目前航空喷气发动机主要采用的燃烧室形式,特别是在新设计的发动机中几乎全部采用了环形燃烧室。

**4. 回流燃烧室**

涡轴发动机常采用回流燃烧室(见图 1-9),火焰筒头部和喷嘴都布置在燃烧室的后端,空气从扩压器进来后流至火焰筒后端,转了 180°后从头部和开在火焰筒壁面上的各组小孔进入火焰筒,然后再通过大小弯管转 180°后进入涡轮。

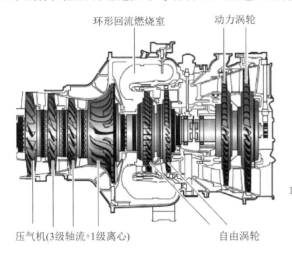
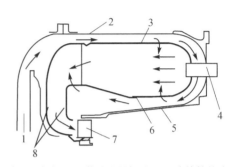

1—离心压气机;2—燃烧室外机匣;3—火焰筒外壁面;
4—喷嘴;5—燃烧室内机匣;6—火焰筒内壁面;
7—导向器叶片;8—大小弯管

图 1-9　涡轴发动机回流燃烧室

涡轴发动机采用回流燃烧室的主要原因是:它的压气机一般都采用离心压气机,涡轮则为轴流式涡轮,压气机出口和涡轮进口间存在较大的径向高度差,回流燃烧室可以充分利用该高度进行流动和燃烧组织,改善燃烧性能;同时这种方式还可以大幅缩短涡轮和压气机间的轴距,从而改善发动机的强度和振动性能。涡轴发动机也有采用直流燃烧室的,例如美国 T-700 发动机。

**5. 折流燃烧室**

早期的涡轴发动机和小型发动机还有采用折流燃烧室的,如图 1-10 所示,空气在其内部的流动转了 90°,供油采用了甩油盘方式。

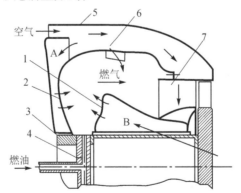

1—内环进气;2—外环进气;3—发动机轴;4—甩油盘;
5—外机匣;6—进气漏斗;7—导向器叶片

图 1-10　折流燃烧室

## 1.2 燃烧室性能特点和参数

燃烧室是航空发动机的核心部件之一,主要作用是将燃料的化学能转化为热能并提高空气热焓,其性能好坏直接关系到发动机的技术水平。

燃烧室的燃烧组织涉及流动、两相流、化学反应、冷却和结构强度等多个方面,各类因素相互交织在一起形成了极为复杂的工作过程,给燃烧室流动和燃烧分析带来了巨大的技术困难。为了便于分析燃烧室的工作过程和性能,基于航空发动机的燃烧室确定了其基本的技术要求,并定义了相关的分析参数。

航空发动机的工作范围宽,速度从零到超声速,高度从海平面到 20 000 m 高空;涉及的工况也非常多,包括启动、慢车、起飞、巡航、降落和加减速等各种状态。具体到燃烧室,其性能特点也需要满足和适应航空发动机的上述工作特点。

**1. 燃烧室需要在宽广参数范围内实现成功点火**

航空发动机需要在不同的环境下实现正常启动,相应地,燃烧室也需要在各种参数下(包括地面和空中)都能实现成功点火。

地面点火时,主要须适应不同季节和不同海拔高度环境参数的变化。不同季节的环境温度会在 $-60 \sim +50$ ℃之间变化;中国各地区的海拔高度变化很大,有目前世界海拔最高的机场,不同的海拔又对应不同的温度和气压。这种环境参数的变化不仅直接影响燃烧室中的化学反应和火焰特征,也会使空气密度发生变化,改变燃烧室的进口流量,这显然会给燃烧室的工作过程和性能带来较大的影响。为表征点火性能,常用不同流动速度下能实现点火的油气比进行评估。

由于各种因素的影响,飞机有可能在空中熄火。当飞机处于不同高度、不同飞行马赫数时,进口温度和压力都会有很大的变化。如在海拔 8 000 m 时,环境压力会降到 0.3 个标准大气压,环境温度接近 223 K,空气密度约为海平面的 1/3,同时空中熄火后由于压气机不工作,燃烧室的各参数远低于标准值,这都会给燃烧室的点火带来严重影响。发动机一般要求能在低于 1/3 标准大气压下成功点火,此时对应的高度在海拔 8 000 m 左右。目前也常直接用点火高度来表示燃烧室的高空点火性能。另外,为保证空中点火成功率和提高点火高度,在燃烧室点火时也常会采用补氧的方式,故表示空中点火性能时也常分为不补氧点火高度和补氧点火高度。

**2. 在较宽的参数和工作范围内实行稳定燃烧**

发动机的工作状态包括启动、慢车、起飞、巡航等,不同工作状态下燃烧室相对应的进口参数和油气范围也有很大的变化,如进口压力变化 20~30 倍,进口温度变化 3~5 倍,燃烧室内总油气比变化也在 10 倍以上。

显然,燃烧室稳定燃烧性能与火焰筒内的油气情况密切相关。目前主要用以下 3 个参数来定量表示燃烧室内的油气情况。

**油气比 FAR** 是指燃烧室燃油质量流量 $W_f$ 与空气质量流量 $W_a$ 的比值,即

$$\text{FAR} = \frac{W_f}{W_a} \tag{1-1}$$

式中,空气量如果用燃烧室的总空气量,则 FAR 为燃烧室总油气比;如果用的是与燃油直接掺混的空气量,则 FAR 为当地油气比。

另外,有些场合也会用到气油比(AFR),即空气质量流量与燃油质量流量的比值。显然,FAR 和 AFR 互为倒数。

**余气系数 α** 定义为实际供给的空气量和燃料完全燃烧所需的理论空气量的比值。

$$\alpha = \frac{W_a}{W_f L_0} \tag{1-2}$$

式中,$W_a$,$W_f$ 分别为燃烧室中供入的空气量和燃料量;$L_0$ 是每千克燃料完全燃烧时所需要的理论空气量,单位为 kg(air)/kg(fuel)。

下面简单计算航空煤油的理论空气量。航空煤油是一个混合物,并没有固定的化学分子式,但可以按照所含的化学成分特别是含碳量和含氢量来进行计算。

以 RP-3 航空煤油为例:含碳量 $W_f(C) = 0.8515$,含氢量 $W_f(H) = 0.1485$,含氧量 $W_f(O) = 0$。

碳、氢与氧气的燃烧反应方程式分别为

$$C + O_2 = CO_2$$

$$H_2 + \frac{1}{2}O_2 = H_2O$$

由此可得每千克燃料完全燃烧所需的氧气量为

$$\frac{32}{12}W_f(C) + \frac{16}{2.016}W_f(H) \tag{1-3}$$

空气中含氧量为 23.2%(质量成分),则每千克航空煤油完全燃烧时所需的空气量为

$$L_0 = \left[\frac{32}{12}W_f(C) + \frac{16}{2.016}W_f(H)\right] \Big/ 23.2\% = 14.87 \text{ kg(air)/kg(fuel)} \tag{1-4}$$

当 $\alpha = 1$ 时,实际供入的混合气中燃油与空气量恰好与化学反应方程式所需的一致,此时称为化学恰当比混合气;当 $\alpha > 1$ 时,燃烧室内实际供入的空气量比理论所需的多,即与空气量相比,燃油少了,此时常称为贫油混合气;当 $\alpha < 1$ 时,正好与上述情况相反,即燃油多了,空气不足,此时称为富油混合气。

**油当量比 Φ** 指的是燃烧室中实际油气比与化学恰当油气比的比值。化学恰当油气比是指按照化学反应方程式反应时所需要的燃料和空气量的比值,用 $\text{FAR}_{\text{ST}}$ 表示。

$$\Phi = \frac{\text{FAR}}{\text{FAR}_{\text{ST}}} \tag{1-5}$$

与余气系数类似,$\Phi = 1$ 的混合气称为化学恰当比混合气;$\Phi < 1$ 时,称为贫油混气;$\Phi > 1$ 时,称为富油混气。

以上 3 个油气参数间的关系如下:

$$\text{FAR} = \frac{W_f}{W_a} = \frac{W_f}{\alpha W_f L_0} = \frac{1}{\alpha L_0} \tag{1-6}$$

当 $\alpha = 1$,即为化学恰当比混合气时,对于 RP-3 航空煤油有 $\text{FAR} = 0.0672$。

$$\Phi = \frac{\mathrm{FAR}}{\mathrm{FAR_{ST}}} = \frac{W_f/W_a}{W_f/W_{a\,\mathrm{ST}}} = \frac{W_f/W_a}{1/L_0} = \frac{L_0 W_f}{W_a} = \frac{1}{\alpha} \tag{1-7}$$

即余气系数与油当量比互为倒数。

$$\mathrm{FAR} = \frac{W_f}{W_a} = \frac{(W_f/W_a)}{L_0/L_0} = \frac{\mathrm{FAR}}{(\mathrm{FAR})_{\mathrm{ST}} L_0} = \frac{\Phi}{L_0} \tag{1-8}$$

航空发动机燃烧室的熄火性能主要考察慢车工况下燃烧室内能够实现稳定燃烧的最小油气比,一般认为最小不熄火油气比(常用 $\mathrm{FAR_{LBO}}$ 来表示)不大于慢车油气比的 50%。有时也会直接用 $\mathrm{FAR_{LBO}} \leqslant 0.005$ 来考察一个燃烧室的熄火性能是否满足要求。

**3. 具有适当的燃烧室总压损失**

总压损失直接影响发动机的推力性能,总压损失减少1%则发动机推力可增加1%左右。但就燃烧组织而言,较大的压差有助于提高射流强度、促进油气混合、提高燃烧效率、改善出口温度场、强化冷却;同时由于高压涡轮的冷却也需要有一定的压差才能保证足够的冷却气量和流动速度,因而燃烧室总压损失需要保持在一个合适的数值。目前航空发动机燃烧室的总压损失一般为 4%~6%。

燃烧室内的流动损失常用总压恢复系数、总压损失系数和流阻系数来表示。

**总压恢复系数 $\sigma_B$** 定义为燃烧室出口总压和进口总压的比值,即

$$\sigma_B = (p_{t4}/p_{t3}) \times 100\% \tag{1-9}$$

式中,$p_{t3}$,$p_{t4}$ 分别为燃烧室进口、出口的总压值。

**总压损失系数 $\zeta_B$** 表示燃烧室进出口总压差与进口总压之比,即

$$\zeta_B = \frac{p_{t3} - p_{t4}}{p_{t3}} \times 100\% = \left(1 - \frac{p_{t4}}{p_{t3}}\right) \times 100\% \tag{1-10}$$

总压损失系数与总压恢复系数两者为互补关系,即

$$\zeta_B = 1 - \sigma_B$$

燃烧室总压恢复系数与进口速度、燃烧室结构、燃烧情况等密切相关。进口马赫数越高,燃烧室结构越复杂,热容和温升越大,燃烧室总压损失越大,总压恢复系数越小。

**流阻系数 $\xi_B$** 为燃烧室总压损失与参考截面动压头的比值,即

$$\xi_B = \frac{p_{t3} - p_{t4}}{q_{\mathrm{ref}}} = \frac{p_{t3} - p_{t4}}{\frac{1}{2}\rho_3 U_{\mathrm{ref}}^2} \tag{1-11}$$

式中,$\rho_3$,$U_{\mathrm{ref}}$ 分别为进口截面和参考截面的密度和平均速度。参考截面一般指燃烧室的最大截面,有时也可以用燃烧室进口截面来代替。

当气流雷诺数足够大(高于 $10^5$)时,燃烧室内的流动处于充分发展状态,整个流场的流动形态基本保持不变,总压损失基本与动压头同步变化,从而使流阻系数保持为常值,不再随流速的变化而变化。目前大部分状态燃烧室的流动都处于充分发展流,对同一个燃烧室而言,流阻系数在不同状态时基本相同,但不同的燃烧室由于结构的差异,其值会有较大的差异,因而流阻系数的大小可以反映出不同结构时燃烧室流动阻力的情况。

**4. 在全工况范围内保持高效燃烧**

从慢车到全状态变化时,燃烧室进口参数会有很大的变化,如进口压力从 0.3 MPa 升到

3~4 MPa，进口温度从环境温度提高到 800~900 K。但无论处于什么状态，都要求燃烧室的燃烧程度要尽可能高。燃烧室内的燃烧程度用燃烧效率来表示。

燃烧效率指的是工质实际获得的能量与燃料化学能的比值。这与燃料燃烧完全程度（燃料化学能转变为热能的程度）有一定的区别。由燃料化学能转变的热能并没有被工质全部吸收，有一部分通过壁面散出去了，这部分能量即为燃烧效率和燃烧完全程度两者之间的差。

在发动机实际使用过程中，更关心工质所获得实际能量的情况，因而在表征燃烧程度时，更多的是用燃烧效率这个参数。燃烧效率用符号 $\eta_B$ 表示。在发动机整个工作过程中，燃烧室燃烧效率都保持在很高的量值，一般的慢车状态不低于 95%，设计点燃烧效率不低于 99.5%。

目前有多种方法用于计算燃烧效率，如温升法、热焓法和燃气分析法等。下面就来介绍各种方法的基本含义。

(1) 热焓法

热焓法定义为燃烧过程中工质的实际焓增量与理论焓增量之比。公式如下：

$$\eta_B = \frac{(W_a + W_f)i_{t4} - W_a i_{t3} - W_f i_{tf}}{W_f H_u} \tag{1-12}$$

式中，$i_{t4}$ 为燃烧室出口燃气的滞止热焓(kJ/kg)；$i_{t3}$ 为燃烧室进口空气的滞止热焓(kJ/kg)；$i_{tf}$ 为燃油进口热焓(kJ/kg)；$H_u$ 为燃油低热值(43 200 kJ/kg)。

(2) 燃气分析法

碳氢燃料理想化学反应的产物应该只有 $CO_2$ 和 $H_2O$。如果产物中还含有可燃物质，如氢气、没有燃烧完的燃料等，则表明燃烧没有充分进行。燃气分析法就是依据这个原理，根据燃烧室出口的燃气成分评估燃烧的完全程度的。

计算时，首先算出燃料完全燃烧时的理论放热量与实际燃烧产物中残存的可燃成分所包含的化学能的差值，其与理论放热量之间的比值即为燃烧效率。

对于航空煤油，常用下式来计算燃烧效率：

$$\eta_B = \frac{[CO_2] + 0.531[CO] - 0.319[CH_4] - 0.397[H_2]}{[CO_2] + [CO] + [UHC]} \tag{1-13}$$

式中，UHC 是产物中除 $CH_4$ 之外的未燃碳氢化合物，各成分均为容积浓度。

**5. 燃烧室出口温度的高低和分布满足总体性能和涡轮可靠工作的要求**

燃烧室出口温度直接影响发动机的总体性能，它是推重比的重要参数，也直接关系到涡轮的寿命和工作效率；同时也有很多因素影响着燃烧室的出口温度，如燃烧室主燃区的燃烧情况、掺混气与燃气的混合情况、冷却气的分布等。因而燃烧室出口温度的高低和分布是多种因素综合的结果，也是当前燃烧室研究和调控的难点之一。

燃烧室出口温度分布须满足涡轮叶片可靠工作的要求。涡轮叶片根部结构复杂，机械和热应力高，而叶尖部分很薄，冷却气少，冷却效果差，因此对应于这两个区域的燃气温度需要低一些，而中间部分可以高一些。典型的燃烧室出口温度分布呈图 1-11 所示的抛物线形状，最高温度一般出现在涡轮叶片 2/3 高度处。

为定量评估燃烧室出口温度的分布情况，定义了出口温度场分布系数(Overall Temperature Distribution Factor, OTDF)(有时也称热点温度分布系数)和出口径向温度分布系数

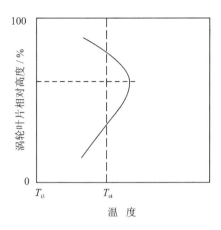

图 1-11 燃烧室出口温度分布曲线

(Radial Temperature Distribution Factor,RTDF)两个概念。

(1) 出口温度场分布系数(OTDF)

OTDF 定义为燃烧室出口截面燃气的最高温度与出口平均温度之差和燃烧室温升的比值。

$$\mathrm{OTDF} = \frac{T_{t4\max} - \overline{T}_{t4}}{\overline{T}_{t4} - T_{t3}} \qquad (1-14)$$

式中,$T_{t4\max}$,$\overline{T}_{t4}$,$T_{t3}$ 分别为燃烧室出口最高温度、燃烧室出口平均温度和燃烧室进口温度。

(2) 出口径向温度分布系数(RTDF)

把燃烧室出口截面同一半径上的总温取算术平均值,然后比较不同半径处的平均总温值,可以得到一个最大的平均径向总温,用该总温减去出口平均总温,得到的值与燃烧室温升的比值定义为出口径向温度分布系数,即

$$\mathrm{RTDF} = \frac{T_{t4r\max} - \overline{T}_{t4}}{\overline{T}_{t4} - T_{t3}} \qquad (1-15)$$

上述两个评定指标一般在台架最大状态或低空高速平飞状态下确定。目前燃烧室这两个数值范围一般为 OTDF≤0.25~0.3,RTDF≤0.08~0.12。

**6. 燃烧室排放满足环保规范要求**

为符合日益严格的环保标准,航空发动机特别是民用发动机对低排放的要求越来越高,而燃烧室是有害气体成分的主要来源。发动机中有害排放物主要包括一氧化碳(CO)、未燃碳氢(UHC)、氮氧化物($NO_x$)和冒烟(Smoke)。

各国对民用航空发动机都有相应的环保规范以对排放进行严格控制,如美国的 FAA、欧洲的 JAA 和中国的 CAA 等,其中对各种排放物在慢车、起飞、爬升和进场的 4 个过程的总排放数作了明确的规定。

**7. 燃烧室结构紧凑,容热强度高**

现代燃烧室的长度都很短。军用航空发动机燃烧室大多在 300~400 mm,火焰筒长度和高度比接近 2,全寿命接近 1 000 h,而民用发动机燃烧室的寿命更是达到数千甚至数万小时。

燃烧室的结构紧凑程度常用容热强度来表示,单位为 kJ/(m³·h·kPa)。容热强度指燃烧室在单位压力、单位容积内每小时燃料燃烧释放的热量,即

$$Q_B = 3\,600\frac{W_f H_\mu \eta_B}{V_B p_{t3}} \tag{1-16}$$

式中,$W_f$ 为燃油流量;$H_\mu$ 为低热值;$\eta_B$ 是燃烧效率;$V_B$ 为燃烧室容积;$p_{t3}$ 是燃烧室进口压力。

若以火焰筒容积代替燃烧室容积,则可得到火焰筒容热强度 $Q_L$

$$Q_L = 3\,600\frac{W_f H_\mu \eta_B}{V_L p_{t3}} \tag{1-17}$$

式中,角标"L"表示火焰筒。

容热强度是反映燃烧室结构紧凑性的指标,容热强度越高,表明燃烧相同流量的混合气所需的燃烧室容积越小,相应的燃烧室质量也越小。

## 思考题

1. 直流燃烧室、回流燃烧室和折流燃烧室的异同点是什么?
2. 简述航空发动机燃烧室性能的参数以及各参数的要求。

# 第 2 章 燃烧原理基础

## 2.1 化学动力学基础

化学反应动力学是研究反应过程的反应时间和反应速度的学科。具体任务是：① 确定化学反应速率的大小以及影响化学反应速率的因素；② 研究各种化学反应机理，即研究由反应物变化到生成物所经历的具体途径。目的是揭示化学反应速率变化的本质，使人们在生产实践中能够根据需要控制化学反应速率。

本小节将从化学反应速率、质量作用定律、阿累尼乌斯定律以及链锁反应等方面，重点介绍与燃烧过程密切相关的化学动力学概念与理论。

### 2.1.1 化学反应速率

在一个有化学反应的系统内，单位时间内反应物浓度的减小（或生成物浓度的增大），称为该反应物的消耗速率（或产物的生成速率），用 $w_i$ 表示，单位为 $mol/(m^3 \cdot s)$。

例如：
$$a\text{A} + b\text{B} \rightarrow c\text{C} + d\text{D} \tag{2-1}$$

以上反应式中，反应物 A，B 的消耗速率及生成物 C，D 的生成速率可表示为

$$w_\text{A} = -\frac{dC_\text{A}}{dt}, \quad w_\text{B} = -\frac{dC_\text{B}}{dt}, \quad w_\text{C} = \frac{dC_\text{C}}{dt}, \quad w_\text{D} = \frac{dC_\text{D}}{dt}$$

式中，$C_i$ 是反应物或生成物的物质的量浓度。

根据化学平衡方程，显然有 $w_\text{A} : w_\text{B} : w_\text{C} : w_\text{D} = a : b : c : d$。

令

$$w = \frac{w_\text{A}}{a} = \frac{w_\text{B}}{b} = \frac{w_\text{C}}{c} = \frac{w_\text{D}}{d} \tag{2-2}$$

式中，$w$ 为化学反应方程式（2-1）的化学反应速率，即化学反应速率定义为某个反应物的消耗速率或产物的生成速率与它的化学计量系数的比值。

### 2.1.2 质量作用定律及反应级数

按反应机理的复杂程度，通常把化学反应分成两大类：简单反应和复杂反应。简单反应是指反应物经一步反应直接生成产物的反应；复杂反应是指反应不是一步完成的，而是需要通过生成中间产物的多个反应步骤才能完成，其中的每一步反应称为复杂反应的基元反应。显然，复杂反应的基元反应就是简单反应。

例如：
$$H_2 + Cl_2 \rightarrow 2HCl$$

上式只代表反应的总结果，并不代表反应进行的步骤。实际反应过程如下：

$$Cl_2 \rightarrow 2Cl$$
$$Cl + H_2 \rightarrow HCl + H$$
$$H + Cl_2 \rightarrow HCl + Cl$$

对于简单反应或基元反应,质量作用定律定义了化学反应速率与反应物浓度之间的关系:**在温度不变的条件下,化学反应速率与参与反应的各反应物浓度的乘积成正比,其中反应物浓度的指数为化学计量系数。**

比如简单反应式(2-1)的反应速率表达式为

$$w = k C_A^a C_B^b \quad (2-3)$$

式中,$k$ 为化学反应速率常数,与反应温度及反应物的物理、化学性质有关。

在动力学上,反应速率与反应物浓度的几次方成正比,则称为几级反应。如式(2-1)的反应级数 $a+b$。

可见,反应级数(通常用 $n$ 表示)也就是质量作用定律中各反应物浓度项的指数之和。

简单反应或基元反应都具有简单的级数,如一级或二级,只有少数几个反应是三级反应,而三级以上的反应至今还没有发现。复杂反应一般不具有简单的级数,其反应级数完全由实验确定。这是因为一个复杂反应方程式所表示的反应往往是由一系列反应步骤来完成的,反应级数主要取决于反应机理中速度最慢的步骤。复杂反应的反应级数可以是正整数,也可以是分数,如常见的碳氢燃料在氧气中燃烧的反应级数为 1.7~2.2。

应当注意,对简单反应与基元反应而言,反应级数和反应分子数是一致的;但反应级数与反应分子数是两个不同的概念,反应分子数的概念主要用来解释反应机理,而反应级数则是用来区分各种实验测定的反应速率方程式的类型。

式(2-3)体现了浓度对反应速率的影响,对于一个恒温、气体反应系统而言,反应物的浓度可表示为

$$C_i = \frac{p_i}{RT} = \frac{x_i p}{RT}$$

式中,$x_i$ 为物质的量的相对浓度;$p_i$ 为分压力。代入到式(2-3)中可得

$$w = k \left(\frac{p}{RT}\right)^n x_A^a x_B^b \quad (2-4)$$

式中,$n = a+b$ 为反应级数;$x_A, x_B$ 为 A,B 两反应物物质的量的相对浓度。

式(2-4)表明在恒温反应条件下,反应速率与压力的 $n$(反应级数)次方成正比,即

$$w \propto p^n \quad (2-5)$$

## 2.1.3 阿累尼乌斯定律

质量作用定律给出了恒温下的反应速率方程,它不能体现温度对反应速率的影响。瑞典化学家阿累尼乌斯(Arrhenius)对不同温度下的等温反应过程进行了大量的试验,发现了反应速率常数与温度之间存在如下关系:

$$k = k_0 \exp\left(-\frac{E}{RT}\right) \quad (2-6)$$

式(2-6)称为阿累尼乌斯方程。式中,$k_0$ 为频率因子;$E$ 为活化能;$R$ 为气体常数。

式(2-6)还可以写成

$$\ln k = -\frac{E}{RT} + \ln k_0 \qquad (2-7)$$

按式(2-7)对 $\ln k$ 与 $1/T$ 的关系作图可得一直线,其斜率为 $-E/R$,如图2-1所示。

把阿累尼乌斯方程代入化学反应速率公式(2-3)中得

$$w = k_0 C_A^a C_B^b \exp\left(-\frac{E}{RT}\right) \qquad (2-8)$$

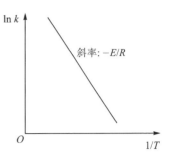

图2-1 $\ln k$ 与 $1/T$ 的关系

或

$$w = k_0 \rho^n Y_A^a Y_B^{n-a} \exp\left(-\frac{E}{RT}\right) \qquad (2-9)$$

式中,$\rho$ 为混合气的密度;$Y_A$,$Y_B$ 分别为反应物A,B的质量相对浓度;$n$ 为反应级数。

### 2.1.4 链锁反应

链锁反应是一种在反应历程中含有被称为链载体的低浓度活性中间产物的反应。这种链载体参加到反应的循环中,并且它在每次循环之后都重新生成。链载体最先是在链产生过程中生成的,然后它们参与链的传播过程,最后被链终止或断链过程从反应中除去。最常见的链锁反应是以自由基为链载体,阳离子或阴离子也可以起活性中间产物的作用。

链锁反应在许多工业过程中存在,例如低温时磷、乙醚的蒸气氧化出现冷焰就是链锁反应。冷焰就是反应温度并没有达到正常着火温度而出现的火焰,这说明其反应速率已经相当于大了。有些反应中加入少量的其他物质,可以大大地加快或降低反应速率,比如水蒸气对 $2CO+O_2 \rightarrow 2CO_2$ 的反应起了很大的加速作用,但水蒸气本身并不燃烧。以上诸现象都不能用分子热活化理论解释,而链锁反应理论却可以解释这些现象,即活性中间产物的发生和发展决定了化学反应的历程。

在反应的循环中,活性中间产物的数目保持不变的反应称为不分枝链锁反应。活性中间产物的数目随着链锁循环次数的增加而增多的反应称为分枝链锁反应。

**1. 不分枝链锁反应**

以氢和溴蒸气为例,其反应式如下:

$$H_2 + Br_2 \rightarrow 2HBr$$

在200~300 ℃的温度范围内,通过实验得出它的反应速率为

$$\frac{dC_{HBr}}{dt} = \frac{kC_{H_2}C_{Br_2}^{1/2}}{1 + k'C_{HBr}/C_{Br_2}} \qquad (2-10)$$

这个实验结果比较复杂,用链反应历程可解释上述反应速率表达式。该反应的历程如下:

① 链产生过程:

$$Br_2 + M \xrightarrow{k_1} 2Br + M - 189.2 \text{ kJ} \qquad (2-11)$$

② 链传播过程:

$$\text{Br} + \text{H}_2 \xrightarrow{k_2} \text{HBr} + \text{H} - 68.6 \text{ kJ} \tag{2-12}$$

$$\text{H} + \text{Br}_2 \xrightarrow{k_3} \text{HBr} + \text{Br} + 169.5 \text{ kJ} \tag{2-13}$$

$$\text{H} + \text{HBr} \xrightarrow{k_4} \text{H}_2 + \text{Br} + 68.6 \text{ kJ} \tag{2-14}$$

③ 链终止过程：

$$2\text{Br} + \text{M} \xrightarrow{k_5} \text{Br}_2 + \text{M} + 189.2 \text{ kJ} \tag{2-15}$$

这里 M 是第三体，它可以是器壁，也可以是气相分子，但不参加反应，只起传递能量的作用。H 和 Br 原子是反应的链载体，其浓度可以从链反应的各过程推导出来。

HBr 浓度变化率为

$$\frac{dC_{\text{HBr}}}{dt} = k_2 C_{\text{Br}} C_{\text{H}_2} + k_3 C_{\text{H}} C_{\text{Br}_2} - k_4 C_{\text{H}} C_{\text{HBr}} \tag{2-16}$$

Br 原子浓度变化率为

$$\frac{dC_{\text{Br}}}{dt} = 2k_1 C_{\text{M}} C_{\text{Br}_2} - k_2 C_{\text{Br}} C_{\text{H}_2} + k_3 C_{\text{H}} C_{\text{Br}_2} + k_4 C_{\text{H}} C_{\text{HBr}} - 2k_5 C_{\text{Br}}^2 C_{\text{M}}$$

H 原子浓度变化率为

$$\frac{dC_{\text{H}}}{dt} = k_2 C_{\text{Br}} C_{\text{H}_2} - k_3 C_{\text{H}} C_{\text{Br}_2} - k_4 C_{\text{H}} C_{\text{HBr}}$$

由于 $\text{H}_2$ 和 $\text{Br}_2$ 的反应中链载体的浓度很低，经历很短的时间后（约为 $10^{-9}$ s），H 和 Br 原子的浓度即达到稳态，即 $\frac{dC_{\text{H}}}{dt} \approx 0, \frac{dC_{\text{Br}}}{dt} \approx 0$。因此可得

$$C_{\text{Br}} \approx (k_1/k_5)^{1/2} (C_{\text{Br}_2})^{1/2} = k_e^{1/2} (C_{\text{Br}_2})^{1/2} \tag{2-17}$$

$$C_{\text{H}} = \frac{k_2 C_{\text{H}_2} C_{\text{Br}}}{k_3 C_{\text{Br}_2} + k_4 C_{\text{HBr}}} = \frac{k_2 k_e^{1/2} C_{\text{H}_2} C_{\text{Br}_2}^{1/2}}{k_3 C_{\text{Br}_2} + k_4 C_{\text{HBr}}} \tag{2-18}$$

式中，$k_e = k_1/k_5$ 表示溴分解和复合时的化学平衡常数。将式（2-17），（2-18）代入到式（2-16）中，整理后可得

$$\frac{dC_{\text{HBr}}}{dt} = \frac{2k_2 k_e^{1/2} C_{\text{H}_2} C_{\text{Br}_2}^{1/2}}{1 + k_4 C_{\text{HBr}}/k_3 C_{\text{Br}_2}} \tag{2-19}$$

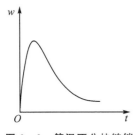

图 2-2 等温不分枝链锁反应的速率变化

令 $k = 2k_2 k_e^{1/2}$ 及 $k' = k_4/k_3$，则得到与式（2-10）完全一样的反应速率表达式。

在等温情况下，不分枝链锁反应的速率随时间增加而迅速升高，这是因为在这段时间里溴原子的浓度不断积累，当它的浓度变化率为 0 时溴原子浓度即保持不变。随着反应的进行，$\text{H}_2$ 和 $\text{Br}_2$ 的浓度下降，反应速度也下降。因此在等温条件下，不分枝链锁反应不会成为无限制的加速反应，即反应不会发展成爆炸。不分枝链锁反应的速率变化如图 2-2 所示。

**2. 分枝链锁反应——爆炸**

人们常见的爆炸现象一般分为两类：一类是热爆炸，另一类是化学链锁爆炸。当强烈的放

热反应发生在一个有限的空间时,由于热量无法散出或无法及时地散出,促使温度急剧上升,而根据阿累尼乌斯方程,温度的升高又使反应速率以指数级增长,继而又放出大量的热;如此循环,在短时间内即可导致爆炸,这类爆炸称为热爆炸。例如黄色火药在炸弹内的爆炸就属于热爆炸。而另一类爆炸,即化学链锁爆炸,只在一定的反应物温度与压力范围内发生,在此范围之外,反应仍可平稳地进行。

化学链锁爆炸的机理是分枝链锁反应。分枝链锁反应在每次循环中一个链载体可以产生多个链载体,从而使活性中心的数量越来越多,总的反应速度也就越来越快。

下面以 $H_2$ 和 $O_2$ 的反应为例,分析分枝链锁反应的特点。

总的反应式为

$$2H_2 + O_2 \rightarrow 2H_2O$$

该反应的基本步骤大致如下。

① 链产生过程:

$$H_2 + M \rightarrow 2H + M$$

② 链传播过程:

$$H + O_2 \rightarrow OH + O$$
$$O + H_2 \rightarrow H + OH$$
$$OH + H_2 \rightarrow H + H_2O$$
$$OH + H_2 \rightarrow H + H_2O$$

以上链传播过程相加,可得

$$H + 3H_2 + O_2 \rightarrow 2H_2O + 3H \tag{2-20}$$

从式(2-20)中可以看到,1 个 H 原子参加反应,经过一个链后,生成 2 个 $H_2O$ 分子,同时产生 3 个 H 原子,如图 2-4 所示。这 3 个 H 原子再参加反应又各产生 3 个 H 原子。随着反应的进行,H 原子数以指数级增加。经过 20 代后可同时生成 $3.5 \times 10^9$ 个 H 原子。这种活性中心急剧增加,其反应速率就具有了爆炸性。

图 2-3 所示定性地表达了压力、温度对混气可爆性的影响,图中的 C 形曲线将整个区域划分为可爆区与不可爆区,此曲线称为分支链反应爆炸极限曲线。

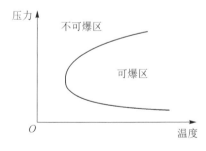

图 2-3 分支链式反应的爆炸极限

## 2.2 着火与熄火过程

从无化学反应向稳定的强烈放热反应状态的过渡过程称为着火过程。

通常我们把着火的机理分为以下两种。

**热自燃机理**：当预混可燃气受到外部热源加热，化学反应放热量大于散热量，促使混气温度升高，反应和放热速率更大，这种相互作用的最终结果即着火。

**化学自燃机理**：如果在燃烧反应中存在链载体，而链载体产生速率大于链载体销毁速率时，即使在常温条件下，反应速率也可以自动增加而导致着火。这类着火通常不需要外界供给热量。

实际燃烧过程不可能有单纯热着火或化学自燃着火的情况，往往是二者同时存在、相互促进的。混气的着火方式又可分为自发着火和强迫着火。

**自发着火**：可燃混气加热到某一温度，在该温度下可燃混合气释放的热量大于散热量，反应能自行持续下去，而不需要外部再提供热量，这种现象称为自发着火。

**强迫着火**：又称点火。在可燃混气内某处，用外部能源点着一层混合气体，而后火焰自动传播到混气的其余部分。

下面首先从热自燃机理理论介绍自发着火的过程，以及如何建立着火条件。

## 2.2.1 着火理论

**1. 着火的热自然理论**

燃烧反应是放热的氧化反应，反应放热的结果是使预混气的温度升高，反过来高温预混气又促进反应加速。因此，化学反应放热的速率及其放热量是促进着火的有利因素。而另一方面反应系统温度升高后与环境温度间存在温度梯度，即必然存在向环境的散热的现象，这是不利于反应的。热自燃理论认为，着火是反应放热因素和散热因素相互作用的结果。如果在某一系统中反应放热占优势，则着火成功。基于这个思想我们来分析着火临界条件。

着火条件的定义如下：如果在一定初始条件（对闭口系统）或边界条件（对开口系统）下，系统温度出现一个剧烈升高的过渡过程，使系统在某个瞬间或某个空间达到高温反应态（即燃烧态），则实现这个过渡过程的初始条件或边界条件就称为"着火条件"。

着火条件是化学动力参数和流体力学参数的综合函数。对于一定种类的可燃混气，在闭口系统的条件下，其着火条件可由以下函数关系表示：

$$f(\tau_i, x_i, T_0, p, d, h, T_\infty, u_\infty, \cdots) = 0$$

式中，$x_i$ 分别为着火时间（着火延迟时间）与位置（着火距离）；$T_0$ 为预混气的初温；$p$ 为预混气的压力；$d$ 为系统的尺寸；$h$ 为系统与环境对流换热系数；$u_\infty$ 为环境气流速度；$T_\infty$ 为环境温度。

前苏联化学家谢苗诺夫通过分析在闭口系统中预混可燃气体中着火与熄火的条件，给出了着火临界条件的关系式。

假设在密闭容器中存在一定初温的可燃混气，在发生化学反应时放出一定的热量。热量在促进反应加速的同时也会通过器壁向外界散热。谢苗诺夫非稳态分析法是假定在容器内可燃气体的温度和浓度是均匀分布，混气反应过程只随时间变化。谢苗诺夫作出如下假设：

① $V$ 和 $S$ 分别代表容器的体积和表面积，在反应过程中容器内的混合气体成分、温度和密度（或压力）是均匀分布的；

② 容器的壁温 $T_w$ 与环境温度 $T_\infty$ 相同，容器内无自然对流也无强迫对流；

③ 容器与环境之间有对流换热，对流换热系数 $h$ 为常数；

④ 在着火之前,忽略容器内反应物浓度和温度的变化。

图 2-4 给出了模型简化的示意图。

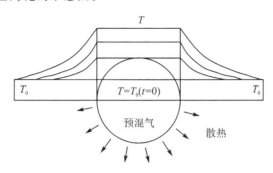

图 2-4 热自燃理论简化模型分析

闭口系统能量方程为

$$V\rho C_V \frac{dT}{dt} = VQw_s - h \cdot S(T - T_\infty) \quad (2-21)$$

式中,$\rho$ 为可燃气体的密度;$C_V$ 为可燃混气的定容热容;$Q$ 为可燃混气的反应热;$w_s$ 为可燃混气的反应速率;$h$ 为对流换热系数。

将式(2-21)改写为

$$\rho C_V \frac{dT}{dt} = Qw_s - \frac{h \cdot S}{V}(T - T_\infty) = q_g - q_1 \quad (2-22)$$

$$q_g = Qw_s = Qk_0 C^n e^{-\frac{E}{RT}} \propto C^n e^{-\frac{E}{RT}}$$

$$q_1 = \frac{h \cdot S}{V}(T - T_\infty)$$

式中,$q_g$ 为可燃气体在单位时间内反应放出的热量,简称放热速率;$q_1$ 为可燃混气在单位体积、单位时间内平均向环境散发的热量,简称散热速率。谢苗诺夫指出:着火条件取决于 $q_g$ 与 $q_1$ 的相互关系,若 $q_g > q_1$,则能成功着火。

图 2-5 所示为着火过程中 $q_g$ 和 $q_1$ 随温度变化的曲线。当压力(或浓度)不同时,可得到一组放热曲线;当改变 $T_\infty$ 时,可得到一组平行的散热曲线;同样,当 $h \cdot S/V$ 改变时,可得到一组不同斜率的散热曲线。

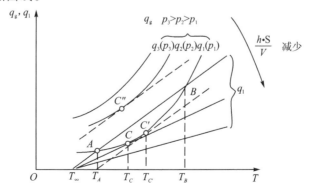

图 2-5 热着火过程中 $q_g$ 与 $q_1$ 的曲线

$q_g$ 和 $q_l$ 之间有三种情况:第一种是 $q_g$ 和 $q_l$ 有 2 个交点 $A$ 和 $B$;第二种是 $q_g$ 和 $q_l$ 不相交也不相切;第三种是 $q_g$ 和 $q_l$ 相切于 $C$ 点。下面进一步分析这三种不同状态。

第一种情况:由于偶然的原因,当系统温度偏离 $T_A$ 时,设 $T>T_A$,则 $q_g<q_l$,温度自动下降,使状态恢复到 $A$ 点;反之状态也可以返回 $A$ 点,因此 $A$ 点是稳定的。由于 $A$ 点温度较低,反应速率又不能自行加速,所以系统不可能着火,$A$ 点状态被称为缓慢的氧化反应状态。对于 $B$ 点,情况就不同了:由于偶然的原因,当系统状态偏离 $B$ 点向左移动时,因为 $q_g<q_l$,温度继续下降,直到 $A$ 点为止,不能着火;反之,当系统状态偏离 $B$ 点而向右移动时,因 $q_g>q_l$ 使温度继续升高,系统内反应自行加速,从而导致着火。由此可见,$B$ 点状态是不稳定的。实际上,由于 $B$ 点对应的温度很高,在自燃条件下 $B$ 点状态是达不到的。因为如果系统状态处于 $A$ 点状态,那么就不可能自动地越过 $A$ 点而到达 $B$ 点,只有外界向系统供入热量,使混气温度提高,即增大反应速率,$B$ 点状态才能实现。如果 $B$ 点状态出现也是不稳定的,它不是进一步发展成燃烧就是使系统返回到 $A$ 点。所以,实际存在的状态只有 $A$ 点,而 $A$ 点对应的是一个缓慢的氧化反应状态,它不能使混气着火。

第二种情况:保持 $T_\infty$ 不变,而使 $h \cdot S/V$ 下降,$q_g$ 和 $q_l$ 没有交点,由于 $q_g$ 始终大于 $q_l$,因此能引起预混气体着火。这种状态也是不稳定的。

第三种情况:即放热曲线 $q_g$ 与散热曲线 $q_l$ 相切的情况。切点 $C$ 是放热速率与散热速率达到平衡的点,这也是一个不稳定的状态。当由于某种原因使系统的温度大于 $T_C$ 时,系统将出现着火。但它与 $B$ 点不同,在 $C$ 点之前放热速率总是大于散热速率,系统不需要外界的能量补充而能自动加速到 $C$ 点,标志为由缓慢的反应态过渡到剧烈反应。因此,$C$ 点相当于着火的临界点。产生这种过渡的初始条件就是着火条件(临界条件),$T_C$ 即着火温度。

如将 $C$ 点的临界条件用数学形式来表示,则得到着火的一般条件。在切点 $C$ 处反应的放热速率与向环境介质的散热速率相等,即

$$q_g|_{T_C} = q_l|_{T_C} \tag{2-23}$$

且放热速率与散热速率对温度的导数值相等,则有

$$\left.\frac{dq_g}{dT}\right|_{T_C} = \left.\frac{dq_l}{dT}\right|_{T_C} \tag{2-24}$$

将式(2-22)中 $q_g$ 和 $q_l$ 公式代入,则有

$$Qw_s = \frac{hS}{V}(T_C - T_\infty) \tag{2-25}$$

及

$$\frac{E}{RT_C^2}Qw_s = \frac{hS}{V} \tag{2-26}$$

式(2-25)与式(2-26)两式相除,则有

$$T_C - T_\infty = \frac{RT_C^2}{E} \tag{2-27}$$

解得

$$T_C = \frac{E}{2R}\left(1 \pm \sqrt{1 - \frac{4RT_\infty}{E}}\right) \tag{2-28}$$

由上式可知,$T_C$ 有两个根,根号前取负号的根有意义。如果取正号,则 $T_C > \frac{E}{2R}$(约为

10 000 K),可燃混合气的火焰温度一般低于 3 500 K,不可能有这么高的着火温度。

通常情况下,$T_\infty$ 为 500~1 000 K,$E = 1 \sim 4 \times 10^5$ J/mol,故 $\dfrac{RT_\infty}{E}$ 值很小,一般不超过 0.05,所以将式(2-28)按二项式定理展开,略去高次项,则有

$$\left(1 - \dfrac{4RT_\infty}{E}\right)^{1/2} \approx 1 - \dfrac{2RT_\infty}{E} - 2\left(\dfrac{RT_\infty}{E}\right)^2 \tag{2-29}$$

代入式(2-28),则

$$T_C = T_\infty + \dfrac{RT_\infty^2}{E}$$

或

$$\Delta T_C = T - T_\infty = \dfrac{RT_\infty^2}{E} \tag{2-30}$$

$\Delta T_C$ 的物理意义是:如果可燃混合气的温度比器壁温度高,$\Delta T_C > \dfrac{RT_\infty^2}{E}$,将发生热自燃;反之,$\Delta T_C < \dfrac{RT_\infty^2}{E}$,不会引起热自燃。

多数烃类燃料与空气组成的可燃混气,其活化能 $E = 100 \sim 240$ kJ/mol。表 2-1 所列是根据式(2-30)计算出的 $\Delta T_C$ 值。可见,$T_C$ 与 $T_\infty$ 相差并不大,近似处理时可取 $T_C \approx T_\infty$。

表 2-1　不同活化能烃类燃料着火温度与环境温度的差值

| $T_\infty$/K | $E$/(kJ·mol$^{-1}$) | $\Delta T_C$/K | $\Delta T_C / T_\infty$ |
| --- | --- | --- | --- |
| 700 | 125 | 33 | 0.047 |
| | 240 | 16.7 | 0.023 |

将 $T_C \approx T_\infty$ 代入式(2-26)中,可得

$$\dfrac{E}{RT_\infty^2} Q w_s = \dfrac{hS}{V}$$

或

$$\dfrac{EV}{RT_\infty^2 hS} Q w_s = 1 \tag{2-31}$$

对于直径为 $d$ 的球形容器,有

$$\dfrac{S}{V} = \dfrac{\pi d^2}{\dfrac{\pi d^3}{6}} = \dfrac{6}{d} \tag{2-32}$$

因此,球形容器的着火条件为

$$\dfrac{1}{6} \cdot \dfrac{Ed}{hRT_\infty^2} \cdot Q w_s = 1 \tag{2-33}$$

**2. 谢苗诺夫方程和着火界限**

着火之前,燃气的化学反应速率很小,反应物的成分变化很小,可以忽略不计。对于二级反应,反应速率可用下式表示:

$$w_s = k_{0s} x_A x_B \left(\frac{p}{RT_\infty}\right)^2 \exp\left(-\frac{E}{RT}\right)$$

式中，$x_A$，$x_B$ 分别为燃气与氧化剂的物质的量分数。相应的着火条件式(2-31)可表示为

$$\frac{EVp_C^2}{R^3 T_\infty^4 hS} Q k_{0s} x_A x_B \exp\left(-\frac{E}{RT_\infty}\right) = 1 \tag{2-34}$$

式中，$p_C$ 为相应的临界压力。如果组分保持不变，则着火温度 $T_C(T_\infty)$ 与临界压力 $p_C$ 的关系如图 2-6 所示。曲线上方为自发着火区，曲线下方为非着火区，因此该曲线为着火界限。

对式(2-34)取对数，则

$$\ln \frac{p_C}{T_C^2} = \ln\left(\frac{hSR^3}{EQVk_{0s} x_A x_B}\right)^{1/2} + \frac{E}{2R} \cdot \frac{1}{T_C} \tag{2-35}$$

该方程称为谢苗诺夫方程。以纵轴表示 $\ln(p_C/T_C^2)$，横轴表示 $1/T_C$，则得到一条直线，斜率为 $E/2R$（见图 2-7），这为测定简单放热反应活化能提供了方法。用这种方法测得的活化能若与根据阿累尼乌斯方程测得的活化能相同，则表明谢苗诺夫的热着火理论基本上是正确的。

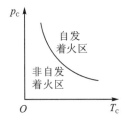

图 2-6 着火界限

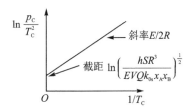

图 2-7 临界压力 $p_C$ 与着火温度 $T_C$ 的关系

在推导谢苗诺夫方程时，忽略了容器中燃气成分与温度分布的不均匀性以及着火前燃气成分的变化，并将导热系数看作常数。由于这些假设的存在，方程也必然存在一定误差。对高温着火，热自燃理论还是相当合理的，定量估算也有一定的参考价值。对低温着火和冷焰现象，热着火理论就不能圆满解释了，这些现象与链锁反应机理相关。

关于着火的浓度界限，可假定 $p_C$ 为常数，得出着火温度与组分关系曲线，如图 2-8 所示；还可假定温度 $T_\infty$ 为常数，建立临界压力 $p_C$ 与某燃气组分 M 的百分比 $X_M$ 的关系，如图 2-9 所示。这些图形均呈 U 形，在 U 形内的条件导致着火，而在 U 形外的条件则不能着火。

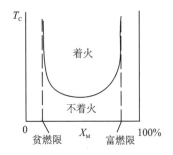

图 2-8 着火温度与混气成分百分比的关系

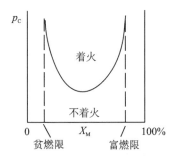

图 2-9 临界压力与混气成分百分比的关系

### 3. 着火感应期

着火感应期(也称着火延迟或诱导期)是指混气由开始发生反应到燃烧出现的一段时间。根据能量方程式及散热曲线和放热曲线,可以定性地画出相当于不同初始温度下的混气温度随时间变化的曲线(见图 2-10)。

着火延迟随初始温度变化的大致状况是:$T_\infty < T_{\infty,C}$ 时,$\tau_i = \infty$;$T_\infty = T_{\infty,C}$ 时,$\tau_i$ 取得一个最大的有限值;随 $T_\infty$ 的升高,$\tau_i$ 将不断减小,但不为零。在着火感应期内反应物的浓度由初始浓度 $f_\infty$ 变为相应于着火温度 $T_C$ 下的浓度 $f_C$,则混气着火延迟的数学表达近似定义为

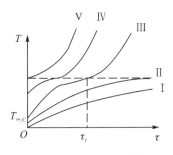

图 2-10 着火延迟时间

$$\tau_i = \frac{\rho_\infty (f_\infty - f_C)}{w_{s,\infty}} \quad (2-36)$$

其中 $$w_{s,\infty} = k_{0s}(\rho_\infty f_\infty)^n e^{-\frac{E}{RT_\infty}} = k_{0s}\rho_\infty^n e^{-\frac{E}{RT_\infty}}, \quad f_\infty = 1$$

因为 $$f_C = f_\infty \frac{T_m - T_C}{T_m - T_\infty}$$

所以 $$f_\infty - f_C = f_\infty \frac{T_C - T_\infty}{T_m - T_\infty} = \frac{T_C - T_\infty}{T_m - T_\infty}$$

又 $T_C - T_\infty = \Delta T_C = -\frac{RT_\infty^2}{E}$,$T_m - T_\infty = \frac{Q_s}{C_r}$,故将以上各式代入式(2-36),即得着火感应期 $\tau_i$:

$$\tau_i = \frac{RT_\infty^2 C_V \rho_\infty}{E Q_s k_{0s} \rho_\infty^n \exp\left(-\frac{E}{RT_\infty}\right)} = \left(\frac{Q_s w_{s,\infty}}{\rho_\infty C_V} \frac{E}{RT_\infty^2}\right)^{-1} \quad (2-37)$$

从式(2-37)可知,当环境温度、压力下降时,着火的感应期将增加。

## 2.2.2 熄火理论

谢苗诺夫根据放热曲线与散热曲线的关系获得了着火的临界条件,同样这种方法也可应用于熄火分析。下面通过对朗格威尔(Longwell)均匀搅拌反应器的运行分析来确定熄火过程临界条件以及着火与熄火的关系。

**1. 朗格威尔均匀搅拌反应器熄火分析**

朗格威尔均匀搅拌反应器的工作原理如图 2-11 所示。燃料与氧化剂高速喷入燃烧室,射流产生的高强度湍流使燃料与氧化剂瞬间充分混合,并形成均匀稳定的燃烧环境,燃烧产物通过出口排出。显然,反应器内的反应程度与强度取决于混气的反应性与混气在燃烧室内的驻留时间。

假定反应器在一个给定的体积流率 $\dot{V}$ 的状态下稳定运行,根据能量守恒的原理,有

$$\dot{V}\rho_0 c_p (T_f - T_0) = VQ_C B c_p e^{-T_a/T_f} \quad (2-38)$$

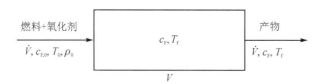

**图 2-11　朗格威尔均匀搅拌反应器模型**

式中,$V$ 为反应器容积;$T_0$,$c_{F,0}$ 为初始混气温度;$T_f$,$c_F$ 分别为反应器内的燃烧温度与反应物浓度;$T_a$ 为活化温度($T_a = E/R$),$B$ 为反应动力学常数。将式(2-38)无纲量化,得

$$\tilde{T}_f - \tilde{T}_0 = Da_C(\tilde{T}_{ad} - \tilde{T}_f)e^{-\tilde{T}_a/\tilde{T}_f} \quad (2-39)$$

这里 $\tilde{T} = c_p T/Q_C c_{F,0}$,$\tilde{c}_F = c_F/c_{F,0}$,显然 $\tilde{T} - \tilde{T}_0 = 1 - \tilde{c}_F$。另外,$\tilde{T}_{ad}$ 为绝热火焰温度,$\tilde{T}_{ad} - \tilde{T}_f \equiv \tilde{c}_F$,$\tilde{T}_{ad} = 1 + \tilde{T}_0$。$Da_C$ 称为碰撞邓克尔数,有

$$Da_C = \frac{B}{\dot{V}/V} = \frac{\text{流动特征时间}}{\text{碰撞特征时间}} \quad (2-40)$$

式(2-39)代表了反应器内反应热释放率与对流热输运率的平衡,显然 $Da_C$ 增大会促进反应,$Da_C$ 减小会抑制反应。这里将 $Da_C^{-1}(\tilde{T}_f - \tilde{T}_0)$ 定义为散热项,$c_F e^{-\tilde{T}_a/\tilde{T}_f}$ 定义生热项,式(2-39)解的特性取决于散热曲线与生热曲线的关系,如图 2-12 所示。图中生热项保持不变,散热项则通过改变 $Da_C^{-1}$ 来改变对流换热强度,由此得到一系列的代表散热变化的直线。

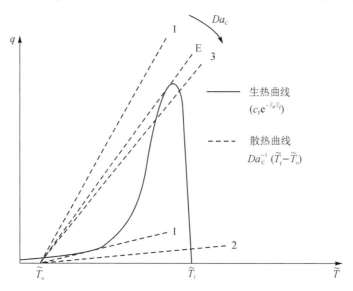

**图 2-12　生热曲线与散热曲线的关系**

图 2-12 中的虚线 1 代表流动快、$Da_C$ 相对较小的极端工况,此时生热曲线与散热曲线的交点对应于反应温度低、反应弱以及反应物消耗非常少的工况,虚线 2 则是另一个极端工况,它代表了流动慢、$Da_C$ 相对较高的工况,此时生热曲线与散热曲线的交点对应于反应温度高、反应剧烈以及接近完全反应态的工况;$Da_C$ 取中间值时,对应于虚线 3,此时生热曲线与散热曲线有三个交点,其中中间的交点是不稳定状态,另外两个交点则分别代表稳定的弱反应态与强反应态(即燃烧态)。图 2-12 中还存在两个临界状态,即与生热曲线相切的散热线 I 与 E。

虚线 I 代表着火临界状态,用 $Da_{C,I}$ 表示对应的着火邓克尔数。虚线 E 代表熄火临界状态,用 $Da_{C,E}$ 表示对应的熄火邓克尔数。显然,当 $Da_C < Da_{C,E}$ 时,着火是不可能的,当 $Da_C > Da_{C,I}$ 时,熄火是不可能的。如果要从稳定的低温反应工况 1(虚线 1)达到着火状态,则必须跨过熄火临界状态 E,而从稳定的燃烧工况 2 达到熄火状态,则必须跨过着火临界状态 I。这种现象称为着火、熄火过程的滞后现象。

**2. 着火与熄火的 S 曲线**

如果将图 2-12 中所有可能的工况都画到同一幅图上,则可以更清晰地表达着火与熄火的临界特性。图 2-13 以反应温度或燃烧速率为纵坐标,以邓克尔数为横坐标,将生热曲线与散热曲线所有交点拟合成一条曲线,这是一条规则的、折叠的 S 形曲线。S 曲线与图 2-12 所示的所有状态相对应,具体包括三个分段,分别为:反应温度非常低的弱反应段、反应温度或燃烧速率非常高的强反应段以及连接于两者之间的中间段。弱反应段从 $Da=0$ 的状态点开始,这一点实际上对应于化学冻结流,比如液滴纯蒸发过程。沿着弱反应段曲线不断提高 $Da$,反应温度会非常缓慢地增长。这是因为弱反应段对应的 $Da$ 还很低,因此反应速率也很低。弱反应段线涵盖了系统所有可能出现的近似于冻结的低反应速率状态。当 $Da$ 到达 $Da_I$ 时,此时代表系统反应性的参数 $Da$ 发生变化,$Da$ 的微小变化将使得代表反应强度的量 $T_f$ 变化为无穷大,这表明 $Da_I$ 点具有临界特征,当 $Da$ 达到该点时,低反应态将无法维持,数学上表现为方程的低温解不存在,系统随后跳入强反应段。强反应段对应的 $Da$ 较高,反应速率较快,因此它代表了系统所有可能的高强度燃烧态。由此可见,将点 I 视为着火点、$Da_I$ 视为着火邓克尔数是非常合理的。

沿着强反应段线进一步提高 $Da$,当 $Da \to \infty$ 时,将获得反应面模型,此时反应区为没有厚度的几何面。当沿强反应段线逐渐降低 $Da$ 时,系统将在点 E 再次跳回到近似冻结的低反应段区,因此点 E 代表熄火点、$Da_E$ 代表熄火邓克尔数。

从物理层面来看,S 线上的转折点代表在这些状态上化学反应速率无法与稳定的热输运平衡。对于弱反应段,高于 $Da_I$ 之上意味着反应区内反应热生成太快,从而无法以一种稳定状态将热量传输出去。同样对于强反应段,有限的 $Da$ 值表明在反应区内有限的停留时间不可能将全部可用的化学能释放出来,当从火焰中损失的热量超过维持燃烧所需的热量时,熄火现象就会出现。

由图 2-13 可知,对于 $Da > Da_I$ 以及 $Da < Da_E$,一个给定的 $Da$,对应于一个确定的反应温度或反应速率,也就是说解是唯一的。但是当 $Da_E < Da < Da_I$ 时,此时存在三个可能的解,其中位于中间段的解表现为 $Da$ 增大而反应速率下降的趋势,显然是不稳定的解,在物理上也是没有意义的。此外,$Da_E < Da_I$,即系统的熄火滞后现象。

根据朗格威尔模型,结合临界邓克尔数 $Da_C$,很容易确定着火与熄火的临界状态。如图 2-13 所示,着火与熄火的临界拐点即 S 曲线上的垂直切点,这表明:

$$\left(\frac{\mathrm{d}\ln Da_C}{\mathrm{d}\widetilde{T}_f}\right)_{\mathrm{cr}} = 0 \tag{2-41}$$

将式(2-41)代入式(2-39),得

$$\frac{1}{\widetilde{T}_{f,\mathrm{cr}} - \widetilde{T}_0} + \frac{1}{\widetilde{T}_{\mathrm{ad}} - \widetilde{T}_{f,\mathrm{cr}}} = \frac{\widetilde{T}_\mathrm{a}}{\widetilde{T}_{f,\mathrm{cr}}^2} \tag{2-42}$$

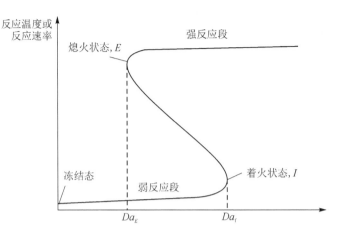

图2-13 着火与熄火的S曲线

上述方程式中等号左边第一项代表热传导的影响,等号左边第二项代表反应物浓度变化的影响。式(2-42)很好地反映了着火与熄火状态的特性。对于着火而言,$\widetilde{T}_{f,\mathrm{cr}}^2=\widetilde{T}_{f,I}^2$,且非常接近$\widetilde{T}_0$,此时式(2-42)中等号左边第一项起主导作用,等号第二项可以忽略,由此可得

$$\widetilde{T}_{f,I} \approx \widetilde{T}_0 + \frac{\widetilde{T}_0^2}{\widetilde{T}_a} \tag{2-43}$$

将$\widetilde{T}_{f,I}$代入式(2-39),因为$\widetilde{T}_a/\widetilde{T}_0 \ll 1$,应用多项式展开,同时注意到$\widetilde{T}_{\mathrm{ad}}=1+\widetilde{T}_0$,可获得着火邓克尔数:

$$Da_{C,I} = \mathrm{e}^{-\left(\frac{\widetilde{T}_0^2}{\widetilde{T}_a}\right)} \mathrm{e}^{\widetilde{T}_a/\widetilde{T}_0} \tag{2-44}$$

同样对于熄火而言,$\widetilde{T}_{f,\mathrm{cr}}=\widetilde{T}_{f,F}$,且非常接近$\widetilde{T}_{\mathrm{ad}}$,此时式(2-42)中等号左边第二项起主导作用,等号左边第一项可以忽略,由此可得

$$\widetilde{T}_{f,E} \approx \widetilde{T}_{\mathrm{ad}} - \frac{\widetilde{T}_{\mathrm{ad}}^2}{\widetilde{T}_a} \tag{2-45}$$

$$Da_{C,E} = \mathrm{e}^{\left(\frac{\widetilde{T}_{\mathrm{ad}}^2}{\widetilde{T}_a}\right)} \mathrm{e}^{\widetilde{T}_a/\widetilde{T}_{\mathrm{ad}}} \tag{2-46}$$

上述结果表明着火过程受热损失的直接影响,而熄火过程受反应速率下降的程度及火焰温度的影响。

### 2.2.3 点火理论

自燃和点燃的差别在于:自燃时混气的温度较高,化学反应和着火过程是在容器内的整个空间进行的;而点燃时,混气的温度较低,混气受到高温点火热源的热边界的加热,因而在边界附近的区域里(即热边界层里)混气的化学反应比较显著。如果化学反应产生的热量足够多,除了供边界层散热以外,还可以使边界层里的混气继续升温直到着火,则点火就可以实现。下面从炽热平板点火与电火花点火这两种点火方式入手,说明点燃的临界条件以及最小点火能

量理论。

**1. 炽热平板点燃**

假设将炽热平板放入可燃混气中,混气温度为 $T_\infty$,炽热平板的温度为 $T_s$,且其温度恒定,则经过一段时间的热传导后,在混气与炽热平板接触的边界会形成如图 2-14 所示温度分布。其中图(a)是炽热平板温度 $T_s < T_{cr}$ 的情况,$T_{cr}$ 是某一临界温度。图中实线表示由炽热平板向混气传热造成的温度分布。虚线表示由于化学反应生热使混气温度升高。此时,由于温度 $T_s$ 较低,化学反应生热很少,混气温升不高,点火不能成功。当炽热平板的温度达到 $T_s = T_{cr}$ 时,边界层混气的化学反应生热较快,混气温升较高,结果使边界层里的近壁处温度梯度为 0,即

$$\left(\frac{dT}{dx}\right)_w = 0 \tag{2-47}$$

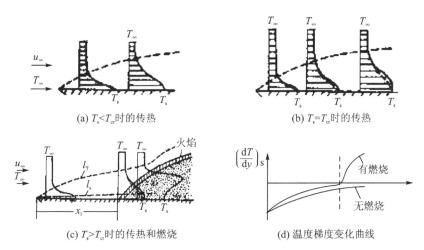

(a) $T_s < T_{cr}$ 时的传热　　　　　　(b) $T_s = T_{cr}$ 时的传热

(c) $T_s > T_{cr}$ 时的传热和燃烧　　　　(d) 温度梯度变化曲线

图 2-14 炽热平板点燃过程

这是点火成功的临界条件。当炽热平板的温度进一步提高到 $T_s > T_{cr}$ 时(见图 2-14(c)),边界层中混气的化学反应生热更快,温升更高,在炽热物体边界处的温度梯度大于 0,即

$$\left(\frac{dT}{dx}\right)_w > 0$$

这时,高温区将自动向混气传热,使混气的化学反应加速,高温区扩大,最后导致混气成功点燃。强迫着火理论认为与混气接触的炽热平板表面的温度达到某一临界值(即 $T_s = T_{cr}$)时,在边界层中混气的化学反应生热使混气与热物体交界处的温度梯度 $\frac{dT}{dx} = 0$,这时边界层与炽热平板之间没有热交换,只有边界层里的热混气层向冷混气层的热传导。如果炽热平板的表面温度超过了该临界值(即 $T_s > T_{cr}$),边界层的混气生热足够多,则除了向冷混气层传热以外,还有多余的热量可供进一步提高混气自身温度,直到最后导致混气着火。点燃的临界条件就是炽热平板的表面温度达到临界温度,即 $T_s = T_{cr}$ 时的情况。

在工程应用中,热射流点火与炽热平板点火类似。热射流点火的理论模型如图 2-15 所示。$x_1$ 就是火炬点火的距离。如果火炬的温度不够高,点火距离 $x_1$ 增大,可能超过射流核心区的长度,这时混气不能点燃。因为超过射流核心区长度以后,边界层的温度普遍降低,热量

不足以点燃混气,因此 $x_i \leqslant x_p$ 是火炬点火的临界条件。理论和试验表明,热射流的温度、混气性质与成分、混气流速等都会影响点火的距离。

**2. 电火花点火**

用电火花点火是发动机燃烧室点火的基本方法。点燃混气的过程是:首先由电火花加热其附近的混气,使局部混气着火(电火花使混气分子电离产生大量的活性中间产物,这对混气的点燃十分有利)。然后,已着火的混气气团向未燃混气进行稳定的火焰传播。要使点火成功,首先电火花要有足够多的能量,能点燃一定尺寸的混气(即形成火球),然后使这个有足够热量的火球能稳定地向外界传播而不熄灭。满足这两个条件,点火才能成功。电火花点火试验表明,电火花点燃混气需要一个最小的火花能量,低于这个能量则混气不能点燃。这一最小能量随混气成分、性质、压力、温度和电极间距的变化而变化。

在静止混气中,电极间的火花使气体加热,假设电火花加热区为球形,球形火花的最高温度是混气的理论燃烧温度 $T_m$,从球心到球壁温度为均匀分布,并认为火花点燃混气完全是热的作用,混气燃烧为二级反应。当点火成功时,在火焰厚度 $\delta$ 内形成由 $T_m$ 到 $T_0$ 的稳定温度分布,如图 2-16 所示。若电火花加热的球形尺寸较大,则它所点燃的混气较多,化学反应放热也多,而单位体积火球的表面积相对较小,因而容易满足向冷混气传热的要求,火焰向外传播并不断扩大。相反,若火花加热的球形尺寸较小,则它所点燃的混气较少,化学反应放热也少,而单位体积火球的表面积相对较大,因而不容易满足向冷混气传热的要求,于是火焰向外扩展困难。因此,为了保证点火成功就要求有一个最小的火球尺寸,或者是它所对应的火球的最小点火能量。

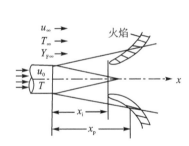

图 2-15 热射流点火的理论模型

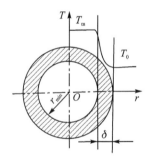

图 2-16 电火花模型

如果电火花已经点燃了某个最小火球尺寸的混气,并形成了稳定的火焰传播,则在传播开始时必然有火球内混气化学反应放出的热量等于火球表面向外导出的热量,即

$$\frac{4}{3}\pi r_{\min}^3 k_{0s} Q (\rho y)^2 \exp\left(-\frac{E}{PT_m}\right) = 4\pi r_{\min}^2 \lambda \frac{dT}{dr} \tag{2-48}$$

式中,温度梯度可近似写为

$$\frac{dT}{dr} = \frac{T_m - T_0}{\delta} \tag{2-49}$$

其中 $\delta$ 是火焰前锋宽度,进一步假设焰锋宽度与最小火球半径成正比关系:

$$\delta = K r_{\min} \tag{2-50}$$

其中 $K$ 为比例系数,将式(2-49)、式(2-50)代入式(2-48)可得

$$r_{\min} = \left[\frac{3\lambda(T_m - T_0)}{Kk_{0s}Q\rho^2 y^2 \exp\left(-\dfrac{E}{RT_m}\right)}\right]^{\frac{1}{2}} \quad (2-51)$$

假设电火花点燃混气时,火花附近的混气成分接近化学恰当比,则有

$$T_m - T_0 = Q/C_p$$

代入式(2-51),则有

$$r_{\min} = [3\lambda/Kk_{0s}C_p\rho^2 y^2 \exp(-E/RT_m)]^{1/2} \quad (2-52)$$

由上式可知,当混气压力增加,理论燃烧温度提高,热传导系数减少时,最小火球尺寸减小。这一最小火球是用电火花点燃的,所需的电火花能量为

$$E_{\min} = k_1 \frac{4}{3}\pi r_{\min}^3 C_p\rho(T_m - T_0) \quad (2-53)$$

式中,$k_1$ 为修正系数。实际上,电火花的最高温度可达 6 000 ℃ 以上,除电离能以外,还有一部分能量以辐射、声波等形式消耗掉。为了修正电火花能量与点火热量的差别,引入了修正系数 $k_1$。把式(2-52)代入式(2-53)中,可得

$$E_{\min} = \text{const} \cdot \rho^{-2}(T_m - T_0)\exp(3E/2RT_m) \quad (2-54)$$

或者写为

$$\ln\frac{E_{\min}}{T_m - T_0} = \text{const} + 2\ln T_0 - 2\ln p_0 + \frac{3}{2}\frac{E}{RT_m} \quad (2-55)$$

上式建立了最小点火能量和环境压力与温度、物理性参数及化学动力参数间的关系。如果给定了常数(const)即可算出电火花点燃的最小能量,且该常数只能用实验方法求得。

由以上公式可看出,随着混气的压力增加,反应温度增加,其活化能减小或理论燃烧温度增加,最小点火能量减小。

## 2.3 火焰传播和火焰稳定

实际燃烧装置中总是局部开始点火,形成火焰后再传播到其他空间。当可燃混气处于静止状态或层流流动状态时,可燃混气的火焰锋面不断向未燃部分推进,称为层流火焰传播;当火焰传播过程中可燃混气处于湍流状态时,称为湍流火焰传播。

工程中火焰传播大都处于湍流状态,但由于层流火焰传播是火焰传播理论的基础,原理也相对简单,因此本节着重分析层流火焰传播理论,然后将这些概念推广到湍流火焰中去。

### 2.3.1 层流预混火焰传播

在一个容器内充满均匀的可燃混气,在容器中心用电火花点燃后,就可以观察到火焰从容器中心往四周传播,图 2-17 中显示了 $t_1$、$t_2$、$t_3$ 三个不同时刻的火焰锋面位置。这种火焰传播也叫火焰波或燃烧波。火焰波将新鲜未燃气与已燃气分开,波的

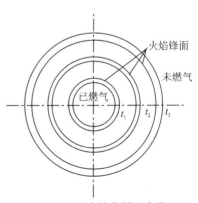

**图 2-17 火焰传播示意图**

外面为未燃混气,里面为已燃气。向未燃混气传播的火焰前沿称为火焰前锋,也称为火焰面。

**1. 层流火焰传播速度**

火焰传播速度定义为火焰前锋沿其法线方向朝新鲜混气传播的速度(见图 2-18),用 $u_l$ 表示:

$$u_l = \frac{dn}{dt} \quad (2-56)$$

火焰传播速度的计算是基于火焰传播机理。层流火焰传播的机理有三种理论:第一种是热理论,认为控制火焰传播的主要机理为从反应区到未燃区的热传导;第二种是扩散理论,这一理论认为来自反应区的链载体的逆向扩散是控制层流火焰传播的主要因素;第三种是综合理论,即认为热的传导和活性粒子的扩散对火焰传播可能有同等重要的影响。

下面主要介绍热理论。取一维定常管流作为研究对象,如图 2-19 所示。

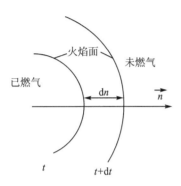

图 2-18 火焰传播速度定义

图中将火焰前锋放大,边界从 $R—R$ 到 $P—P$,并假设火焰面包括两个区:预热区 $\delta_p$ 和反应区 $\delta_r$。预热区的化学反应速率很小,火焰前锋前部温度由 $T_0$ 上升到 $T_f$,浓度由 $y_0$ 快速下降。化学反应集中在反应区,温度由 $T_f$ 上升到 $T_m$,浓度继续下降到 0。

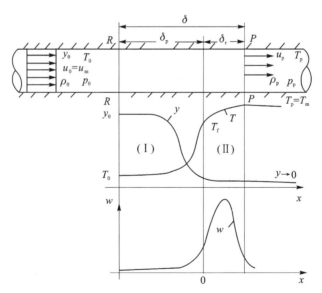

图 2-19 火焰结构及其温度、浓度分布

对于一维带化学反应的定常层流流动,其能量方程如下:

$$\rho_0 u_l C_p \frac{dT}{dx} = \frac{d}{dx}\left(\lambda \frac{dT}{dx}\right) + wQ \quad (2-57)$$

式(2-57)中等号左边表示混气本身热焓的变化,等号右边第一项是传导的热流,第二项

是化学反应生热量。

对于绝热条件，火焰的边界条件为

$$x=-\infty, \quad T=T_0, \quad y=y_0, \quad \frac{dT}{dx}=0 \\ x=+\infty, \quad T=T_m, \quad y=0, \quad \frac{dT}{dx}=0$$

关键问题是如何由此确定 $u_1$，为此提出了一种分区近似解法。该方法把火焰面分成预热区和反应区。在预热区忽略化学反应的影响，而在反应区中忽略能量方程中温度的一阶导数项。

根据假设，在预热区中的能量方程为

$$\rho_0 u_1 C_p \frac{dT}{dx} = \lambda \frac{d}{dx}\left(\frac{dT}{dx}\right) \tag{2-58}$$

其边界条件是

$$x=-\infty, \quad T=T_0, \quad \frac{dT}{dx}=0 \\ x=0, \quad T=T_f$$

假定 $T_f$ 是预热区和反应区交界处的温度，并把式(2-58)从 $T_0$ 到 $T_f$ 积分，可得

$$\left(\frac{dT}{dx}\right)_{\mathrm{I}} = -\frac{\rho_0 u_1 C_p (T_f - T_0)}{\lambda}$$

式中，下标"Ⅰ"表示预热区，上式为预热区后边界的温度梯度。反应区的能量方程为

$$\lambda \frac{d^2 T}{dx^2} + wQ = 0 \tag{2-59}$$

其边界条件是

$$x=0, \quad T=T_f \\ x=+\infty, \quad T=T_m, \quad \frac{dT}{dx}=0$$

令

$$\frac{d}{dx}\left(\frac{dT}{dx}\right) = \frac{dT}{dx} \cdot \frac{d}{dT}\left(\frac{dT}{dx}\right) = \frac{1}{2}\frac{d}{dT}\left(\frac{dT}{dx}\right)^2$$

将上述各条件代到式(2-59)中，则

$$\left(\frac{dT}{dx}\right)_{\mathrm{II}} = \sqrt{\frac{2}{\lambda}\int_{T_f}^{T_m} wQ\, dT}$$

式中，下标"Ⅱ"表示反应区，上式为反应区前边界的温度梯度。因为预热区的后边界与反应区的前边界为同一位置，所以有

$$\left(\frac{dT}{dx}\right)_{\mathrm{I}} = \left(\frac{dT}{dx}\right)_{\mathrm{II}}$$

则

$$u_1 = \sqrt{\frac{2\lambda \int_{T_f}^{T_m} wQ\, dT}{\rho_0^2 C_p^2 (T_f - T_0)^2}} \tag{2-60}$$

式中 $T_f$ 为未知。由于化学反应主要集中在反应区，预热区的反应速率很小，因此

$$\int_{T_0}^{T_f} w\, dT \approx 0, \quad \int_{T_f}^{T_m} w\, dT = \int_{T_0}^{T_m} w\, dT$$

另外,反应区内的温度变化很小,可以认为

$$T_f - T_0 \approx T_m - T_0$$

代入式(2-60)中可得

$$u_1 = \sqrt{\frac{2\lambda \int_{T_0}^{T_m} wQ\,dT}{\rho_0^2 C_p^2 (T_m - T_0)^2}} \tag{2-61}$$

令

$$\int_{T_0}^{T_m} \frac{wQ\,dT}{T_m - T_0} = Q \int_{T_0}^{T_m} \frac{w\,dT}{T_m - T_0} = Q\bar{w}$$

即在 $T_0 \sim T_m$ 之间,反应速率的平均值为 $\bar{w}$。代入式(2-61)中可得

$$u_1 = \sqrt{\frac{2\lambda \bar{w} Q}{\rho_0^2 C_p^2 (T_m - T_0)}} \tag{2-62}$$

引入导温系数 $a = \lambda / \rho C_p$,并认为化学反应时间 $\tau$ 与平均反应速率 $\bar{w}$ 成反比,即

$$\bar{w} \propto 1/\tau$$

代入式(2-62)中可得

$$u_1 \propto (a/\tau)^{1/2} \tag{2-63}$$

式(2-63)表明,层流火焰传播速度与导温系数的平方根成正比,与反应时间的平方根成反比。

若将 $\bar{w} = K(\rho_0 y_0)^n \exp(-E/RT)$ 及 $\rho = p/RT$ 代入式(2-62)中,则得到

$$u_1 \propto \left[ \frac{\lambda Q K (\rho_0 y_0)^n \exp(-E/RT)}{\rho_0^2 C_p^2 (T_m - T_0)} \right]^{1/2} \propto p_0^{(n-2)/2} \tag{2-64}$$

**2. 影响层流火焰传播的因素**

(1) 压力的影响

式(2-64)中 $u_1 \propto p^{\frac{n}{2}-1} \propto p^\gamma$,表示出了两者的关系。

一般碳氢燃料燃烧过程的反应级数为 $1.5 \sim 2$,因此指数 $\gamma = -0.25 \sim 0$。总体而言,压力对火焰传播速度的影响较小,许多碳氢燃料的燃烧试验证实了这一结论。

(2) 可燃混气初温 $T_0$ 的影响

可燃混气初温 $T_0$ 增加,使理论燃烧温度 $T_m$ 升高,火焰传播速度 $u_1$ 增加。图2-20所列表示不同混气初温对火焰传播速度的影响。根据实验结果,得出

$$u_1 \propto T_0^C \tag{2-65}$$

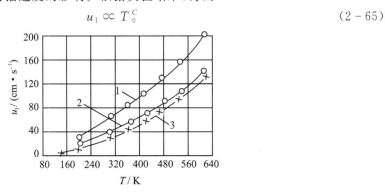

图 2-20 不同混气初温对层流火焰传播速度的影响

其中，$C=1.5\sim2$。

（3）混气成分百分比的影响

混气成分百分比改变时，燃烧温度也将发生变化，从而引起火焰传播速度的变化。图2-21所示为在不同初始温度下火焰传播速度随氢气浓度变化的关系曲线。由图可知，在任何一个初始温度下，均存在一个最佳混气成分，此时火焰传播速度最大。另外对于每一种混气，都存在一个火焰传播的浓度界限，当混气太贫或太富时，火焰都不能传播。

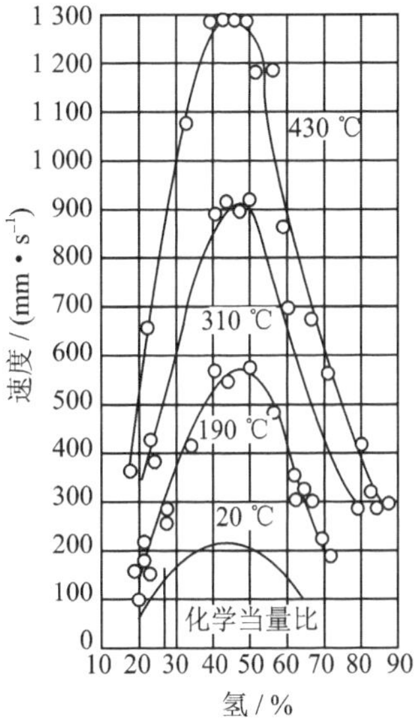

（4）混气性质的影响

混气性质不同，导温系数不同，活化能及火焰温度也不同。当导温系数增加，活化能减少或火焰温度增加时，火焰传播速度增大。

（5）燃烧室尺寸的影响

当管径或容器尺寸小到某个临界值时，由于火焰单位容积的散热量太大，生热不足，火焰便不能传播。这个临界管径或尺寸称为淬熄距离 $d_q$。根据火焰传播的临界条件可得 $d_q=K/u_1 p$，其中 $K$ 是常数。

图2-21 氢浓度与火焰传播速度的关系

## 2.3.2 湍流预混火焰传播

层流火焰的火焰前锋是光滑的，焰锋厚度很小，火焰传播速度很慢。但是当流速较高，混气流动成为湍流时，它的火焰明显呈现以下特点：火焰长度缩短，焰锋变宽，并有明显的噪声，焰锋不再是光滑的表面，而是抖动的粗糙表面。这可以从本生灯火焰看出，如图2-22所示。

实验表明，湍流火焰传播速度不仅与混气的物理化学参数有关，还受到可燃混气湍流特性的严重影响。湍流火焰里混气的燃烧速率明显增加，这是因为：

① 湍流流动使火焰变形，火焰表面积增加，增大了反应区；

② 湍流加速了热量和活性中间产物的传输，使反应速率增加；

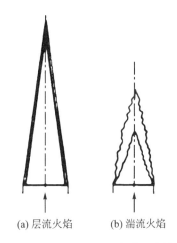

图2-22 层流火焰与湍流火焰

③ 湍流加速了新鲜混气和燃气之间的混合，缩短了混合时间，提高了燃烧速度。

**1. 湍流火焰传播速度**

衡量湍流特性，常用湍流尺度 $l$ 和湍流强度 $\varepsilon$ 两个指标。湍流尺度表示在湍流中不规则运动的流体微团的平均尺寸。湍流强度 $\varepsilon=u'/u$，为流体微团的平均脉动速度与气流速度之比。

① 当湍流尺度远小于层流火焰锋面厚度时，湍流锋面并不发生皱褶，但由于湍流增加了

传质,从而使湍流火焰传播速度比层流火焰传播速度快。根据式(2-63),可推得湍流火焰传播速度 $u_t$ 和层流火焰传播速度 $u_1$ 之间的关系如下:

$$u_t/u_1 \approx \left(\frac{a_t}{a_1}\right)^{1/2} = \left(\frac{\lambda_t/\rho_0 C_p}{\lambda_1/\rho_0 C_p}\right)^{1/2}$$

式中,$\lambda_t$ 为湍流热传导系数;$\lambda_1$ 为层流热传导系数。

湍流导温系数 $a_t$ 取决于湍流尺度和脉动速度的乘积,即 $a_t \propto l u'$。

对于管流,湍流尺度 $l$ 与管径成正比,脉动速度 $u'$ 和气流速度成正比,即 $l \propto d$ 及 $u' \propto u$。

分子导温系数 $a_1$ 与分子运动黏性 $\nu$ 成正比,则

$$u_t/u_1 \approx (a_t/a)^{1/2} \propto (lu'/\nu)^{1/2} \propto (du/\nu)^{1/2} = Re^{1/2} \tag{2-66}$$

即 $Re$ 增加时,$u_t/u_1$ 增加。这一结论已通过试验证实。

② 当湍流尺度比层流火焰锋面厚度大,而湍流强度仍然较小时,由于湍流脉动,火焰发生皱褶,但锋面仍然是连续的。此时可以把湍流焰锋看成是由很多小的层流火焰锥组成的,如图 2-23 所示。这时 $u_t$ 之所以比 $u_1$ 大得多,是因为火焰锋面扭曲造成表面积 $A_c$ 增加所致。设薄层焰锋的传播速度仍然是 $u_1$,那么单位时间内焰锋锋面烧掉的混气量是 $A_c u_1$,它应与湍流火焰传播速度 $u_t$ 与湍流焰锋的平均表面积 $A_p$ 的乘积相等,即

$$A_c u_1 = A_p u_t$$

得:

$$u_t = u_1 A_c / A_p \tag{2-67}$$

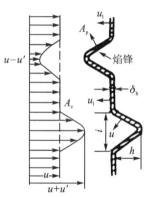

**图 2-23 大尺度湍流火焰的焰锋**

因为 $A_c > A_p$,所以 $u_t > u_1$。若把湍流气团看作很多凹凸不平的小的锥形焰锋,则 $u_t/u_1$ 等于这些小的锥体表面积和底面积之比。锥体底面积又和湍流尺度 $l$ 的平方成正比。锥体表面可以设想为由湍流脉动速度 $u'$ 运动形成的以 $l$ 为直径的小本生灯灯口火焰。因此

$$\frac{u_t}{u_1} = \frac{锥体表面积}{锥底面积}$$

即

$$\frac{u_t}{u_1} = \frac{\pi R \sqrt{R^2 + h^2}}{\pi R^2} = \sqrt{1 + (h/R)^2} = \sqrt{1 + (2h/l)^2}$$

式中,$h$ 为锥体高度;$R$ 为湍流尺度的一半,即 $R = l/2$。

如果湍流微团在锥形表面上的燃烧速度仍然是 $u_1$,则微团存在的时间 $\tau = l/2u_1$。湍流脉

动速度是 $u'$，锥体高度 $h=u'\tau=u'l/2u_1$。代入上式可得

$$u_t/u_1 = \sqrt{1+(u'/u_1)^2} \tag{2-68}$$

由于大尺度湍流火焰锋的表面积比层流火焰锋的表面积大，所以大尺度湍流火焰传播速度比层流火焰传播速度快，这就是湍流火焰的表面理论。从这一理论导出的结论看出，增大湍流脉动速度可以提高湍流火焰传播速度。

③ 当湍流强度很大时，$u'/u_1 \gg 1$。根据式（2-68），可以得出 $u_t \propto u'$。若湍流强度为常数，则可以得到：

$$u_t \propto u \tag{2-69}$$

这时湍流火焰传播速度与化学动力学因素无关，只取决于脉动速度或来流的平均速度的大小。

**2. 湍流火焰传播速度的影响因素**

由于湍流火焰传播的理论还不是很成熟，所以只能根据一些实验结果来讨论湍流火焰传播速度的影响因素：脉动速度 $u'$、层流火焰传播速度 $u_1$ 及混气浓度是主要的影响因素。图 2-24 所示为脉动速度 $u'$、层流火焰传播速度 $u_1$ 对湍流火焰传播速度 $u_t$ 的影响，随着 $u'$ 和 $u_1$ 的增加，$u_t$ 增大。可用以下经验公式表达：

$$u_t = 5.3(u')^{0.6\sim0.7}(u_1)^{0.4\sim0.3}$$

混气成分对 $u_t$ 的影响如图 2-25 所示，和余气系数 $\alpha$ 对 $u_1$ 的影响一样，当 $\alpha \approx 1.0$ 时，$u_t$ 最大。

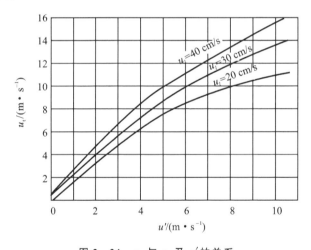

图 2-24 $u_t$ 与 $u_1$ 及 $u'$ 的关系

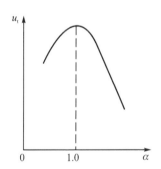

图 2-25 $\alpha$ 对 $u_t$ 的影响

## 2.3.3 火焰稳定

对于任何一个燃烧装置而言，保证燃烧过程中火焰的稳定性及燃烧的安全性非常重要。火焰的稳定性是指，一旦成功着火后，在不同的工作条件下保持火焰稳定地传播，或者说，能使燃烧稳定地继续下去而不会熄灭。

通常将火焰稳定分为两种：一种是低速气流下的火焰稳定，包括回火、吹熄等问题；另一种是高速气流下的火焰稳定。本小节首先讨论一维火焰的稳定条件，然后延伸到多维情况。

## 1. 一维层流火焰的稳定

对于一维层流稳定流动而言,如果混气来流速度与火焰传播速度相等,即 $u_1 = u_0$,则火焰移动的绝对速度 $u_p = 0$,火焰固定在管内的某一位置,如图 2-26(a) 所示;如果 $u_1 > u_0$,则火焰前锋将会一直向可燃混气一侧的方向移动,如图 2-26(b) 所示;如果 $u_1 < u_0$,则火焰前锋会一直向已燃气一侧的方向移动直至火焰被吹出管口,这种情况称为吹熄或脱火,如图 2-26(c) 所示。

由此可见,为了保证一维火焰的稳定,既不回火,又不吹熄,就必须使火焰传播速度与可燃混气的流动速度相等,即

$$u_1 = u_0$$

这就是一维火焰的稳定条件。

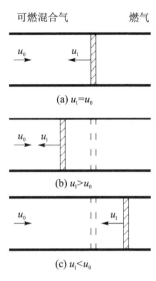

图 2-26 一维火焰

## 2. 锥形火焰的稳定

大多数情况下,火焰锋面的法向与气流速度方向不在同一条直线上,如图 2-27 所示,气流与焰锋法线方向成一夹角 $\phi$。把气流速度 $u$ 分解成两个分速度:一个是与焰锋表面垂直的法向分速 $u_n$,另一个是与焰锋表面平行的切向分速 $u_t$。前者产生的牵连运动将使焰锋沿 $n$—$n$ 方向移动,后者产生的牵连运动将使焰锋沿 $a$—$b$ 方向顺着焰锋表面移动。当火焰稳定时,这两个分速引起的焰锋牵连运动必须得到平衡和补偿,这样焰锋才能相对于灯口的位置不变。首先在火焰锋面的法线方向上,与法向分速 $u_n$ 相平衡的就是当地的火焰传播速度 $u_1$,它们大小相等而方向相反,从数值上看 $u_n = u_1$。因此,由 $u_n = u\cos\phi$,可得

$$u_1 = u\cos\phi \tag{2-70}$$

式(2-70)称为米海尔松余弦定律,简称余弦定律。对于成分、温度等参数一定的可燃预混气而言,可以认为火焰传播速度为定值,但气流的速度可能会在一定范围内发生变化。当气流速度增大时,根据余弦定律,$\phi$ 增大,法向分速 $u_n$ 减小;反之,当气流速度减小时,$\phi$ 要减小,法向分速 $u_n$ 增大。也就是说,火焰前锋会在气流速度发生变化时,通过改变火焰面的法向与气流速度的夹角,以满足余弦定律,达到新的稳定。

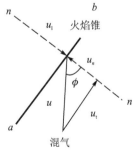

图 2-27 火焰锥与气流

图 2-27 所示的火焰锥微段中,气流除了在火焰面的法向有分速度外,在火焰面的切向也有一个分速度 $u_t$。它将使焰锋面上的质点沿火焰锋面 $a$—$b$ 方向移动。因此,为了保证火焰在某一点继续存在,必须有另一个相应的质点从前面补充到这一点。这对于焰锋中间的位置是可以实现的,但对于火焰前锋的根部是无法自行实现的,这就需要在根部有一个固定的点火源,通过不断点燃预混气来满足向下游补充质点的需求,从而保证火焰不会被气流吹走。因此,对于锥形火焰而言,在火焰根部具有一个固定的点火源是火焰稳定的另一个必要条件。

综上所述,锥形火焰面的稳定条件有两个:①满足余弦定律,即可燃混气的法向分速度等

于火焰传播速度;②有固定的点火源。

**3. 高速混气流中火焰稳定**

碳氢燃料与空气的预混气的层流火焰传播速度很少超过 0.4 m/s,湍流火焰传播速度也仅有 1 m/s 左右。但是在许多高强度的燃烧装置中,如冲压发动机和燃气轮机发动机的燃烧室中,燃料与空气混合物的流速高达 50 m/s,在加力燃烧室内气流速度甚至高达 150~180 m/s。在这样的高速下,管壁边界层非常薄,比熄火距离小得多,以至于在边界层内气流速度始终大于火焰传播速度,因此,如果不采取特殊的措施,火焰是不能稳定燃烧的。最常用的方法是使高速气流产生回流区,利用回流区使火焰稳定。

下面详细介绍回流区稳定火焰的机理。

(1) 回流区的建立

如果在河流中有个障碍物,比如凸起的石头或桥墩,在其后面总会有水流过时形成的旋涡,在那里不停地旋转,这个区域就是回流区。在燃烧室中,产生回流区的方法很多,比如航空发动机主燃烧室中采用旋流器产生回流区,加力燃烧室中常采用 V 形槽或 V 形锥产生回流区。

下面以 V 形锥稳定器为例说明回流区的形成。如图 2-28 所示,气流以一定的速度流过稳定器时,由于黏性力的作用,V 形锥后遮蔽区内的气体被卷吸,形成局部的低压区。当气流流到这个区域的尾部时,气体速度减慢,静压提高,从而与前面的负压区形成压力差,在这个压力差的作用下,有一部分气体以与主流相反的流动方向流向稳定器的隐蔽区。由于整个过程是连续的,即稳定器后的空气不断被带走,又不断被后面的气体逆流而补充,于是在这个空间形成两个大致对称的旋涡,并不停地旋转。从三维的角度来看,这是一个轴对称的涡环,而从二维的角度来看则是两个对称的涡。这便是回流区形成的过程。

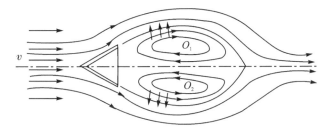

图 2-28 回流区的形成

(2) 回流区结构

图 2-29 所示为回流区内的气流结构,并给出了三个不同截面上的轴向速度分布。由于稳定器的对称性,气流流过时形成两个大致对称的椭圆形旋涡,每个旋涡中间有个核心,气体大体绕它旋转,核心处的速度为 0,我们称之为涡心,定义 $O_1$ 为上涡心,$O_2$ 为下涡心。在紧靠障碍物背后的凹形区内,存在一个气流滞止的点 $d_1$,我们称这个滞止点为前死心;在回流区的尾部,由气流结构造成一个菱形区,它的核心点 $d_2$ 处气流也是滞止的,称为后死心。

由过涡心的截面上的轴向速度分布可知,在 $O_1$ 点以上及 $O_2$ 点以下,其轴向气流速度和主流方向相同,在涡心处轴向速度为 0,离开涡心后轴向速度逐渐加大,直至等于主流速度。在 $O_1$ 和 $O_2$ 两点之间,气流轴向速度与主气流速度方向相反。随着距 $O_1$ 和 $O_2$ 越来越远,回

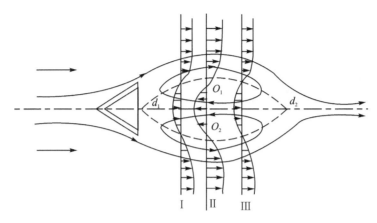

图 2-29 回流区的划分

流速度越来越大,直到两旋涡交界处即障碍物的中线处达到最大,但它的绝对值仍比主流速度小。

在其他截面上的轴向速度分布,其形状与过涡心的截面相似,如图 2-29 中的 Ⅰ,Ⅱ,Ⅲ 截面。每个截面都有个逆流部分,因此都存在上下两个零轴向速度点,把这些点用虚线连接起来,称为零轴向速度线(简称零速线);这条线包围的包括上下两个旋涡的轴向逆流速度部分,称为逆区。零速线以外,轴向速度与主流方向相同,称为顺流区。顺流区应当有个外边界,以上旋涡为例,从零速线向上,速度逐渐加大,最大等于主流速。定义当 $dv/dy=0$ 时为顺流区的边界。

在 $d_1$ 所在的紧靠稳定器后的区域称为前死区。前死区内主要是已燃气,温度较高,对预混气有加热作用。$d_2$ 所在的回流区尾部的菱形区称为后死区(见图 2-30),是残余火焰留存地。实验中可观察到,当主流区火焰熄灭后,后死区有断续的火焰存在,虽然处于不稳定状态,但前面燃烧条件转好时,它又能点燃整个回流区。

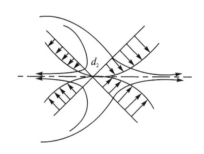

图 2-30 后死区气流结构

总之,回流区是指包括这 4 个区(顺流区、逆流区、前死区及后死区)在内的整个大菱形区,而不是仅指逆流区。

(3) 回流区火焰稳定机理

如图 2-31 所示,在回流区选取任一横截面,这里我们选取穿过 $O_1-O_2$ 的横截面来分析。该截面的轴向速度分布如曲线 $a-a$ 所示,若可燃混气的火焰传播速度为 $u$,其值 $0<u\ll v_主$($v_主$ 为当地的主流速度),在 $O-O$ 截面,顺流区内气流的轴向速度 $v$ 介于 $0\sim v_主$ 范围内,那么总可以在这个分布中找到一点(如图中的 $b$ 点),这里的气流速度恰好和火焰传播速度相等,且方向相反,即 $v_b=u$。这满足了火焰稳定的基本条件,火焰在此固定不动,成为一个固定的点火源。

点火源并不一定就在 $O-O$ 截面上,可能在前面,也可能在后面,要视气流及混气参数而定,但点火源一定在顺流区内是可以肯定的。

由于火焰的传播是在法线方向上以球面向外传播,那么以 $b$ 点为点火源的火焰将会向上、

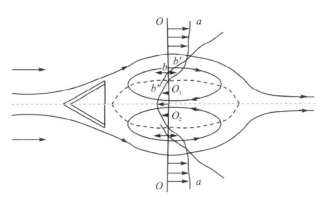

图 2-31 回流区火焰稳定示意图

向下传播,向上将把 $b$ 点上方相邻的 $b'$ 层点燃,但此处的气流速度 $v'>u$,那么会发生吹脱现象,即火焰将以 $v'-u$ 的速度向后推移,当它刚脱离 $b'$ 点时,紧接着流来的混气又被 $b$ 点点燃,尽管这将落后一小段距离,但火焰仍是连续的。同样 $b'$ 又会将更上层的区域点燃,这样一层层地把火焰传播出去,但由于分层滞后,故火焰面有个倾斜的角度。

在 $b$ 点的下方,火焰将传播至邻层 $b''$,但此处的气流速度 $v''<u$,火焰将前传,即出现回火现象;但前面的混气形成尚不充分,此时的火焰传播速度 $u''<u$,当等于该地的气流速度时即停止,于是火焰迅速地充满稳定器后的整个火焰筒截面。

若气流速度突然加大,点火源将内缩,在 $u=v'_{当地}$ 处稳定;若气流速度突然减小,点火源外伸,仍然在 $u=v'_{当地}$ 处稳定。混气形成得较好、较早,点火源将前移;混气形成得较差、较迟,点火源将后撤。一般点火源总是在顺流区内某个不太大的范围内移动,当条件非常恶劣时点火源移至顺流区后部,甚至后死区。

上面分析的是一个剖面,而实际是个轴对称的空间,因此固定点火源是个圆环,它的点燃作用就更强了。

在一般情况下进入逆流区的是已燃气,其温度接近于该混气相应的理论燃烧温度,由于离解的作用,存在大量的活性粒子,这对顺流区的点燃、燃烧都有很大的促进作用,因此有人认为回流区的点燃是逆流区高温燃气作用的结果。逆流区形成的高温、高湍流核心,起到对液态油珠的蒸发裂化以及对混气的加温等作用,这显然对点燃是有利的。由于存在大量的活性粒子,故将加剧化学反应的进行,因此说它起点火作用是有道理的。

## 2.3.4 扩散燃烧

前面讨论的火焰都是在燃料和氧化剂预混的情况下。而实际工程中大多都是将燃料和氧化剂分别送入燃烧区域燃烧的,比如燃气轮机的燃烧和火箭发动机内的燃烧等。这种情况下可以把燃料燃烧所需的全部时间分为两部分,即燃料与氧化剂混合所需的时间 $\tau_m$ 和燃料与氧化剂化学反应所需的时间 $\tau_r$。当 $\tau_m \gg \tau_r$ 时,称之为扩散火焰;当 $\tau_r \gg \tau_m$ 时,称之为预混火焰,此时燃烧的快慢主要取决于化学反应速度。在这两种极端情况之间存在着化学反应和混合过程具有相近速率的区域,则要综合考虑二者的影响。本小节主要基于气体燃料讨论扩散燃烧的特性。

## 1. 层流射流扩散火焰

扩散火焰通常是在射流流场下燃料与氧化剂扩散混合后形成的。图 2-32 所示为层流射流扩散火焰结构。如图所示,燃料从喷嘴喷出后在沿轴向流动时迅速向外扩散,而空气则向内扩散,两者混合形成可燃混气,着火后形成顶端封闭的火焰面。对于扩散燃烧而言,火焰面一定位于当量比为 1 的位置上,否则火焰面的位置及火焰形状就不稳定,火焰面会自动调节到当量比为 1 的位置上。扩散火焰面可以看成流场中混气当量比等于 1 的点的轨迹,火焰长度 $L_f$ 可定义为

$$\phi(r=0, x=L_f)=1 \tag{2-71}$$

根据层流自由射流理论,可得

$$L_f = \frac{0.375 Re_j R}{Y_{F,stoic}} = \frac{0.375 \rho v_e R^2}{\mu Y_{F,stoic}} \tag{2-72}$$

式中,$Re_j$ 为射流雷诺数;$R$ 为喷嘴半径;$Y_{F,stoic}$ 为燃料的化学恰当质量相对浓度;$\rho$ 为气流密度;$v_e$ 为射流出口速度;$\mu$ 为射流动力黏度。

可见,层流射流扩散火焰长度与射流出口速度及出口面积成正比。

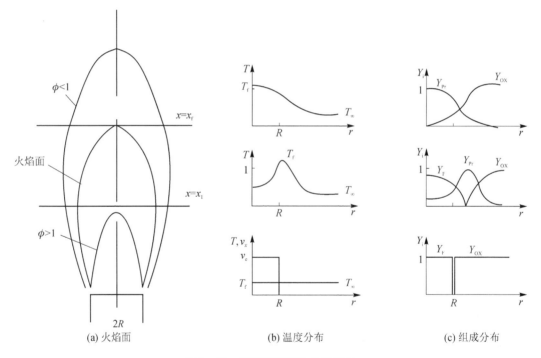

(a) 火焰面　　(b) 温度分布　　(c) 组成分布

图 2-32　层流射流扩散火焰结构

图 2-32 所示为层流射流扩散火焰结构图。图 2-32(a)显示了火焰面内混气当量比大于 1,而火焰面外的混气当量比小于 1。图 2-32(b)、(c)显示了不同截面上的温度与组分的浓度分布,扩散火焰面上燃料与氧化剂浓度均为 0,而产物浓度达到最大值。

图 2-32(a)给出的火焰面是没有厚度的几何面,它所对应的燃烧反应速率应为无限大,而实际燃烧过程的反应速率是有限值,因此实际的火焰是有一定厚度的反应区,如图 2-33 所示,图中虚线是理想浓度分布,实线是实际浓度分布,1 是理想火焰面,2 是实际火焰区,A、B

分别是火焰区的内、外边界。可见此时燃料与氧化剂实际浓度分布曲线在火焰区内,且存在交叉,但氧化剂不会穿过火焰的内边界 A,燃料也不会穿过火焰的外边界 B。图中还显示了理想与实际两种温度分布曲线,由于反应在有限空间内发生,且存在散热,因此实际燃烧温度低于理想燃烧温度。

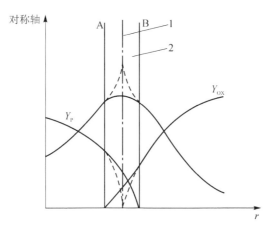

图 2-33　实际射流扩散火焰结构

**2. 湍流射流扩散火焰**

当燃料喷射速度增加时,会使层流射流扩散火焰向湍流射流扩散火焰过渡。图 2-34 所示为随射流速度的增加,由层流射流扩散火焰过渡到湍流射流扩散火焰的过程。当射流速度较低时,火焰保持层流状态,火焰面光滑、稳定、明亮,随着射流速度增加,火焰高度增加,直到某一最大值,此时火焰仍保持层状。如果继续增大喷射速度,在火焰顶部开始出现颤动、皱褶、破裂。由于湍流的影响,湍流扩散混合加快,燃烧速度增加,使火焰高度缩减。如果继续增大喷射速度,则开始出现颤动、皱褶,破裂的点向喷口方向移动,直到破裂点靠近喷口。此时火焰达到完全湍流状态。此后,若再增大射流速度,开始破裂的位置不变,火焰高度趋于定值,但噪声增加。

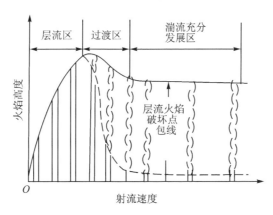

图 2-34　射流扩散火焰随射流速度的变化

与层流火焰相比,湍流扩散火焰具有如下优点:
① 湍流射流扩散火焰面是皱褶、波动、破裂的,不能精确测量其火焰高度,且湍流射流扩

散火焰高度与射流速度无关,仅与射流直径有关。

② 湍流射流扩散火焰前沿厚度较宽,并处于激烈脉动中。其温度、速度、浓度的分布也基本与层流射流火焰类似。图 2-35 显示湍流扩散火焰的瞬态与时均照片。

图 2-35 湍流扩散火焰瞬态照片(前三幅)和时均照片(最后一幅)

## 2.4 液体燃料燃烧

航空发动机燃烧室的燃烧是以煤油和空气为燃料和氧化剂的两相扩散燃烧。液体燃料的燃烧可以概括为三种形式:液面燃烧、预蒸发燃烧和雾化燃烧。一般使用液体燃料的动力装置都是雾化燃烧,燃烧前燃油经历雾化、蒸发和掺混三个物理过程。

由于油雾群是由许多尺寸不同的单滴油珠组成的,因此,掌握单滴油珠在高温环境中的蒸发与燃烧规律,是进一步研究油雾燃烧的重要基础。本节着重讨论单滴油珠的蒸发与燃烧问题。

油珠在高温环境中蒸发或燃烧时,通过辐射和对流接收外部热量,温度逐渐上升,由于燃油本身的热传导系数不是无限大,因此在开始阶段油珠表面温度总是高于核心温度,随后共同趋于某一恒值 $T_{wb}$。这个温度称为湿球温度或蒸发平衡温度。在此温度下,油珠从外部吸收的热量与油珠汽化所消耗的潜热相等,即达到了能量平衡。当油珠在高温环境中蒸发或燃烧时,湿球温度接近于燃油的沸点,粗略计算时可取两者相等。

此外,油珠内部的温度分布对蒸发过程的影响不大。因此在计算时,常假定油珠内部温度是均匀的。这种情况相当于燃油导热系数为无限大。

### 2.4.1 油珠蒸发或燃烧时的斯蒂芬(Stefan)流

假定单滴油珠在静止高温空气中蒸发,则油珠周围的气体为由空气和燃油蒸气组成的混合物,其浓度分布是球对称的,图 2-36 所示为浓度的变化趋势,其中 $Y_a$ 和 $Y_f$ 分别表示空气和燃油蒸气的质量百分数,下角标 s 表示油珠表面。可见,燃油蒸气浓度在油珠表面最高。随着半径增大,浓度逐渐减小,直至无穷远处 $Y_{f\infty}=0$。对于空气,其浓度的变化正好相反,在无穷远处 $Y_{a\infty}=1.0$,并逐渐减小到油珠表面的 $Y_{as}$ 值。显然,在任意半径处有 $Y_a+Y_f=1.0$。

浓度差的存在必然导致质量扩散。根据费克定律,质量扩散速度正比于浓度梯度,故有:

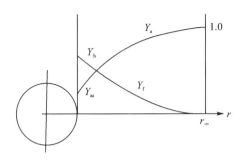

图 2-36 单滴油珠周围浓度分布

$$\left. \begin{array}{l} m_f = -\rho D \dfrac{dY_f}{dr} \\ m_a = -\rho D \dfrac{dY_a}{dr} \end{array} \right\} \quad (2-73)$$

式中，$\rho$ 和 $D$ 分别为气相密度和分子扩散系数。

浓度梯度的存在，使燃油蒸气不断从油珠表面向外扩散；相反地，空气则从外部环境不断向油珠表面扩散。在油珠表面，空气分子力图向油珠内部扩散，但空气不溶于燃油，也就是说空气不可能进入油珠内部。因此，为平衡空气的扩散趋势，必然会产生一个反向的流动。若这个反向流动的速度为 $v_s$（指油珠表面），则由质量平衡应有

$$\pi d_s^2 \rho v_s Y_{as} - \pi d_s^2 \rho D \dfrac{dY_a}{dr}\bigg|_s = 0 \quad (2-74)$$

也就是说，在油珠表面上向油珠扩散的空气质量正好被向外流动的空气质量所抵消，因此净空气流通量为 0。

上述在油珠表面以速度 $v_s$ 所表征的流动即斯蒂芬流，这是以油珠中心为源的"点泉"流。因此

$$\pi d_s^2 \rho v_s Y_{as} = \pi d^2 \rho v Y_a \quad (2-75)$$

或

$$d^2 \rho v Y_a = \text{const}$$

式(2-74)也可以写成对任何半径都适用的形式，即

$$\pi d^2 \rho v_s Y_a - \pi d^2 \rho D \dfrac{dY_a}{dr} = 0$$

或

$$\rho v Y_a - \rho D \dfrac{dY_a}{dr} = 0 \quad (2-76)$$

上式表明，在蒸发液滴外围的任一对称球面上，由斯蒂芬流引起的空气质量迁移正好与分子扩散引起的空气质量迁移相抵消，空气的总质量迁移为 0。

## 2.4.2 油珠蒸发速率及能量平衡

**1. 高温环境中相对静止油珠的蒸发速率**

单位时间内从油珠表面蒸发的液体质量，通过斯蒂芬流动和分子扩散两种方式将燃油蒸气迁移到周围环境。若浓度分布为球对称，则有

$$m_{\rm f} = -\pi d_{\rm s}^2 \rho D \left.\frac{{\rm d}Y_{\rm f}}{{\rm d}r}\right|_{\rm s} + \pi d_{\rm s}^2 \rho v_{\rm s} Y_{\rm fs} \quad (\text{油珠表面})$$

或
$$m_{\rm f} = -\pi d^2 \rho D \frac{{\rm d}Y_{\rm f}}{{\rm d}r} + \pi d^2 \rho v Y_{\rm f} \quad (\text{任意半径}) \quad (2-77)$$

将式(2-76)与式(2-77)相加,并考虑到 $\dfrac{{\rm d}Y_{\rm a}}{{\rm d}r} = -\dfrac{{\rm d}Y_{\rm f}}{{\rm d}r}$,可得

$$m_{\rm f} = \rho v \pi d^2 (Y_{\rm a} + Y_{\rm f}) = \rho v \pi d^2 \quad (2-78)$$

故式(2-77)可改写为

$$m_{\rm f} = -4\pi r^2 \rho D \frac{{\rm d}Y_{\rm f}}{{\rm d}r} + m_{\rm f} \cdot Y_{\rm f}$$

或
$$m_{\rm f} \frac{{\rm d}r}{r^2} = -4\pi \rho D \frac{{\rm d}Y_{\rm f}}{1-Y_{\rm f}} \quad (2-79)$$

积分上式(注意:$m_{\rm f}$ 与 $r$ 无关),并取边界条件为

$$\left.\begin{array}{l} r = r_{\rm s}, \quad Y_{\rm f} = Y_{\rm fs} \\ r = \infty, \quad Y_{\rm f} = Y_{\rm f\infty} \end{array}\right\}$$

可得纯蒸发(不燃烧)条件下油珠的蒸发速率(单位为 kg/s)为

$$m_{\rm f} = 4\pi r_{\rm s} \rho D \ln(1+B) \quad (2-80)$$

式中,$B$ 称为物质交换数,并有

$$B = \frac{Y_{\rm fs} - Y_{\rm f\infty}}{1 - Y_{\rm fs}} \quad (2-81)$$

计算时通常可假定油珠表面的燃油蒸气压等于饱和蒸气压,因此只要已知油珠表面温度以及燃油的饱和蒸气压与温度的关系即可求得 $Y_{\rm fs}$,进而可确定物质交换数 $B$。

**2. 高温环境中相对静止油珠的能量平衡**

在以油珠为中心,半径为 $r$ 的球面上(见图 2-37),由外部环境向内侧球体的导热量为 $-4\pi r^2 \lambda \dfrac{{\rm d}T}{{\rm d}r}$,此热量消耗于三个方面:

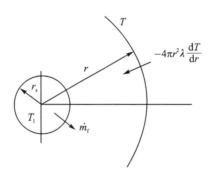

**图 2-37 油珠能量平衡**

① 加热油珠,若油珠内部温度均匀且等于 $T_1$,则加热所消耗的热量(单位时间内)为 $\dfrac{4}{3}\pi r_{\rm s}^3 \rho_1 C_1 \dfrac{{\rm d}T_1}{{\rm d}\tau}$。

② 油珠蒸发消耗的潜热，其值为 $m_f h_{fg}$。此处 $h_{fg}$ 为气化潜热（kJ/kg）。

③ 使燃油蒸气从 $T_1$ 升温到 $T$ 所需要的热量，其值为 $m_f C_p (T - T_1)$。

于是，蒸发油珠的热平衡方程为

$$-4\pi r^2 \lambda \frac{dT}{dr} + m_f C_p (T - T_1) + m_f h_{fg} + \frac{4}{3}\pi r_s^3 \rho_l C_l \frac{dT_l}{d\tau} = 0 \quad (2-82)$$

在油珠达到蒸发平衡温度后，有

$$\frac{dT_l}{d\tau} = \frac{dT_{wb}}{d\tau} = 0$$

因此式（2-82）可简化为

$$-4\pi r^2 \lambda \frac{dT}{dr} + m_f C_p (T - T_{wb}) + m_f h_{fg} = 0$$

或

$$\frac{m_f}{4\pi\lambda} \frac{dr}{r^2} = \frac{dT}{C_p(T - T_1) + h_{fg}} \quad (2-83)$$

积分上式，并取边界条件

$$\left. \begin{array}{l} r = r_s, \quad T = T_{wb} \\ r = \infty, \quad T = T_\infty \end{array} \right\}$$

可得

$$m_f = 4\pi r_s \frac{\lambda}{C_p} \ln\left[1 + \frac{C_p(T_\infty - T_{wb})}{h_{fg}}\right] \quad (2-84)$$

由此，可以用式（2-80）或式（2-84）计算油珠的纯蒸发速率，但两式的应用条件不同。式（2-84）仅适用于计算油珠已达蒸发平衡温度后的蒸发。实验表明，大多数情况下，特别是油珠比较粗大以及燃油挥发性较差时，油珠加温过程所占的时间不超过总蒸发时间的 10%，因此当缺乏饱和蒸气压力数据时，也可用式（2-84）来计算蒸发的全过程。若油珠周围气体混合物的刘易斯数（$Le = a/D$）等于 1，则有 $\lambda/C_p = \rho D$，并令

$$B_T = C_p(T_\infty - T_{wb})/h_{fg} \quad (2-85)$$

则有

$$m_f = 4\pi r_s \rho D \ln(1 + B_T) \quad (2-86)$$

对比式（2-80）和式（2-86）可知，当平衡蒸发（即 $T_\infty - T_{wb}$）且 $Le = 1$ 时，应有 $B = B_T$，即

$$\frac{Y_{fs} - Y_{f\infty}}{1 - Y_{fs}} = \frac{C_p(T_\infty - T_{wb})}{h_{fg}} \quad (2-87)$$

## 2.4.3 油珠的燃烧

**1. 相对静止油珠的燃烧**

相对静止的油珠燃烧时，油珠被球形火焰包围，火焰面半径 $r_f$ 常比油珠半径大得多。静止条件下的油珠燃烧属于扩散燃烧。如图 2-38 所示，燃油蒸气从油珠表面向火焰面扩散，而空气则由外界向火焰面扩散。在 $r = r_f$ 处，油气混合物达到化学恰当比（即 $a = 1$），在此处着火燃烧，形成了火焰锋面。理想情况下，可假设火焰锋面的厚度为无限薄，亦即反应速度无限快，燃烧在

瞬间完成。由图可见，火焰面上，燃油蒸气和空气的浓度（$Y_f$ 和 $Y_a$）为 0。而燃烧产物的浓度 $Y_p = 1.0$。燃烧产物向火焰面内外两侧扩散。

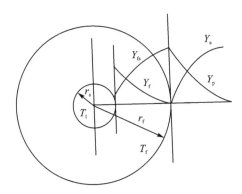

图 2-38 油珠扩散燃烧模型

若取边界条件

$$r = r_s, \quad Y_f = Y_{fs} \\ r = r_f, \quad (Y_f)_f = 0$$

并对式（2-79）进行积分，可得油珠的燃烧速率

$$m_f = 4\pi \frac{1}{\dfrac{1}{r_s} - \dfrac{1}{r_f}} \rho D \ln(1+B) \quad (\text{kg/s}) \qquad (2-88)$$

其中

$$B = \frac{Y_{fs}}{1 - Y_{fs}} \qquad (2-89)$$

油珠纯蒸发时，火焰面不存在，相当于 $r_f \to \infty$。又若 $Y_{f\infty} = 0$，则式（2-88）和式（2-89）分别变为式（2-80）及式（2-81）。

油珠燃烧时，可取 $T_{wb} = T_b$（燃油沸点温度），同理，若取边界条件

$$r = r_s, \quad T = T_b \\ r = r_f, \quad T = T_f \quad （火焰温度）$$

并对式（2-83）积分，也可得到油珠燃烧速率的表达式如下：

$$m_f = \frac{1}{\dfrac{1}{r_s} - \dfrac{1}{r_f}} \frac{4\pi \lambda}{C_p} \ln\left(1 + \frac{T_f - T_b}{h_{fg}}\right) \qquad (2-90)$$

式（2-89）和式（2-90）中火焰峰面的半径 $r_f$ 按如下方法确定，油珠燃烧所需的氧气（或空气）从远处向球面焰峰扩散，其扩散速率应等于式（2-90）或式（2-89）确定的燃油消耗 $m_f$ 乘上氧气（或空气）对燃油的化学当量比 $\beta$，即

$$4\pi r^2 \rho D \frac{dY}{dr} = \beta m_f$$

式中，$D$ 和 $Y$ 分别为氧气（或空气）的扩散系数和浓度。

改写上式，从 $r_f$ 积分到无穷远处，并考虑焰锋面上的氧浓度为 0，则可得

$$\int_0^{Y_\infty} 4\pi \rho D \, dY = \int_{r_f}^{\infty} \beta m_f \frac{dr}{r^2}$$

$$4\pi\rho D(Y_\infty - 0) = -\beta m_f\left(\frac{1}{\infty} - \frac{1}{r_f}\right)$$

于是，火焰锋面的半径为

$$r_f = \frac{\beta m_f}{4\pi\rho D Y_\infty}$$

将 $r_f$ 代入式(2-90)。经整理可得

$$m_f = 4\pi r_s \left\{ \frac{\lambda}{C_p} \ln\left[1 + \frac{C_p(T_f - T_b)}{h_{fg}}\right] + \frac{\rho D Y_\infty}{\beta} \right\} \tag{2-91}$$

**2. 强迫对流条件下油珠的蒸发或燃烧速率**

实际燃烧过程中，油珠和气流之间总是存在相对运动。当油气间有相对运动时，前面关于球对称的假设是不适用的，如图 2-39 所示。也就说，在对称球面上，浓度、温度等不再相等，斯蒂芬流也不再保持球对称。

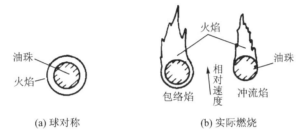

图 2-39 强迫对流下的油珠燃烧情况

对于这个问题，工程上常用所谓"折算薄膜"来近似处理。其结果可表示为如下简单形式：

$$(m_f)_{Re \neq 0} = \frac{Nu^0}{2}(m_f)_{Re=0} \tag{2-92}$$

式中，$Re$ 为相对运动的雷诺数，定义为

$$Re = \frac{u_R \rho_g d_s}{\mu_g} \tag{2-93}$$

式中，$u_R$ 为油气间相对速度；$d_s$ 为油珠直径；$\rho_g$ 和 $\mu_g$ 分别为气体的密度和黏性系数。

式(2-92)表明，强迫对流条件下的油珠纯蒸发(或燃烧)速率等于相对静止条件下的相应速率乘以系数 $Nu^0/2$。

式(2-92)中的 $Nu^0$ 是强迫对流条件下固体小球表面的努氏数，可按如下经验公式求得

$$Nu^0 = 2 + 0.6 Re^{0.5} Pr^{0.33} \tag{2-94}$$

式中，$Pr$ 为气态混合物的普朗特数。

## 2.4.4 $d^2$ 定律及油珠寿命

油珠的生存期或寿命是燃烧装置设计中非常重要的数据。油珠纯蒸发或燃烧时，直径不断减小，其减小速率与前述的蒸发或燃烧速率 $m_f$ 有关。设任一瞬间的油珠直径为 $d$，经过 $\Delta\tau$ 时间后，直径减小 $\Delta d$，则 $m_f$ 可表示为

$$m_f = -\pi d^2 \rho_l \frac{\Delta d}{2} \cdot \frac{1}{\Delta\tau}$$

以相对静止条件下的纯蒸发为例,将式(2-80)代入得

$$\frac{\Delta d}{\Delta \tau} = -\frac{4\rho D}{d\rho_l}\ln(1+B) \tag{2-95}$$

式中,$\rho_l$,$\rho$ 分别为油珠液体密度和油珠周围气相密度。由式(2-95)可知,油珠直径越小,直径缩小率越大,即大油珠在蒸发(或燃烧)后期直径缩小得更快。

若油珠的初始直径为 $d_0$,对式(2-95)积分可得

$$d^2 = d_0^2 - \left[\frac{8\rho D}{\rho_l}\ln(1+B)\right]\tau$$

或

$$d^2 = d_0^2 - K\tau \tag{2-96}$$

这称为油珠蒸发的"直径平方"定律,系数 $K$ 为蒸发常数。

由式(2-96)可得油珠的生存期或寿命为

$$\tau = \frac{d_0^2}{K} \tag{2-97}$$

由此可见,油珠寿命与初始直径平方成正比。如前所述,油雾锥中总是存在部分粗大的油珠,在设计燃烧装置时要特别注意这部分油珠的燃烧。因为它们的寿命最长,容易引起不完全燃烧损失。此外,蒸发常数 $K$ 与油珠寿命成反比,一般说来轻油的 $\rho_l$ 小且 $B$ 值大,因此油珠的寿命较短。

据式(2-92),也可得出强迫对流条件下油珠蒸发的关系式

$$d^2 = d_0^2 - \left[\frac{8\rho D}{\rho_l}\frac{Nu^0}{2}\ln(1+B)\right]\tau \tag{2-98}$$

由上式可知在强迫对流条件下,蒸发常数增大,油珠寿命缩短。

同样在单滴油珠燃烧时,也可得到相应的直径平方定律,这时的常数用 $K_f$ 表示,称为燃烧常数。通常情况下,燃烧常数大于蒸发常数。

### 2.4.5 油雾燃烧

油雾燃烧是十分复杂的物理化学过程,它不是单个油珠燃烧过程的简单叠加。实际上,油雾中的每一个油珠都经历着复杂的运动,除了平均运动外,油雾中每一个油珠所处的环境温度和氧浓度都随时间和空间不断变化,这些都与单个油珠所处的状态有明显的差别。通过对由双滴、三滴、五滴甚至九滴所组成的悬挂液滴组在不同排列组合情况下的燃烧试验结果分析,发现燃烧常数与油滴的相互位置有关。对于由两颗悬挂滴所组成的体系,随着滴间距离的减小,燃烧常数先增加后减小;对于液滴组中央的液滴,其燃烧常数要比周围液滴的燃烧常数大。这种现象主要可归结为两方面的影响:一是相邻油珠释放燃烧热使油珠周围的温度增高,促使燃烧过程加速;二是油珠周围的氧浓度降低,引起燃烧过程减缓。当前者的影响占主导时,引起燃烧常数增大,相反地,若后者的影响起主导作用,则将导致燃烧常数降低。

**1. 油雾燃烧的 4 种类型**

根据实际油雾的燃烧情况,油雾燃烧可以分为以下 4 种类型:
① 预蒸发型气态燃烧。这种情况相应于油和气的进口温度高,或油雾较细,或者喷油的

位置与燃烧区之间的距离较长,因而油珠在进入燃烧区之前已完成蒸发过程。

② 滴群扩散燃烧。这是另一种极端情况,相当于油和气的进口温度低,或燃油雾化不好,油珠比较粗大(或燃油挥发性差),在进入燃烧区时,油珠基本未蒸发,只有滴群的扩散燃烧。通常在冲压发动机和液体火箭发动机燃烧室中燃烧接近这种方式。

③ 复合燃烧。这时油雾中较细的油滴在进入燃烧区时已蒸发完毕,并形成一定浓度的预混气体。在燃烧区既有预混气体的气相燃烧,也有粗大油珠的扩散燃烧。

④ 气相燃烧加上液滴的蒸发,这时在到达燃烧区时已蒸发的油珠与空气进行气相燃烧,而未蒸发的油珠又因直径太小而着不了火,因此只能在燃烧区中继续蒸发,而不存在油珠的扩散燃烧。

上述 4 种油雾火焰均有各自的特点。例如,第 1 种火焰类似于气体湍流燃烧,燃油的蒸发过程几乎不影响火焰的长度。第 2 种火焰的燃烧过程和蒸发过程几乎是同步的,蒸发过程的快慢控制着整个燃烧过程的进展,此时为了强化燃烧和缩短火焰,必须加速蒸发过程。第 3 种和第 4 种情况,蒸发因素、湍流因素和化学动力学因素将共同起作用。在不同的燃烧装置中,工作条件不同,采用燃料不同,可能得到不同类型的液雾火焰,应针对不同情况作具体的分析。

**2. 滴群扩散燃烧模型**

Probert 提出的滴群扩散燃烧模型认为,滴群燃烧是由许多直径不等的油珠扩散燃烧所组成的,不考虑油珠与气体之间的相对速度,也不考虑相邻油珠对蒸发过程的影响。

假设油雾中初始滴径的分布符合 Rosin-Rammler 分布,即

$$R = \exp\left[-\left(\frac{d_{oi}}{\bar{d}}\right)^n\right]$$

式中,$R$ 为直径大于 $d_{oi}$ 的液滴质量占总质量的百分数。

根据直径平方定律,在任何瞬间 $\tau$,初始直径小于及等于 $\sqrt{k_f \tau}$ 的油珠都已蒸发完毕,剩下的只有那些初始直径大于 $\sqrt{k_f \tau}$ 的油珠,这些油珠经过 $\tau$ 时间后剩余的质量百分数为

$$\int_{\sqrt{k_f \tau}}^{\infty} \left(\frac{d_i}{d_{oi}}\right)^3 \frac{dR}{dd_{oi}} dd_{oi}$$

根据扩散燃烧的概念,燃烧过程与蒸发过程同步,因此完全燃烧程度或燃烧效率应为

$$\eta = 1 - \int_{\sqrt{k_f \tau}}^{\infty} \left(\frac{d_i}{d_{oi}}\right)^3 \frac{dR}{dd_{oi}} dd_{oi}$$

因为

$$\left(\frac{d_i}{d_{oi}}\right)^3 = \left(\frac{d_i^2}{d_{oi}^2}\right)^{\frac{3}{2}} = \left(1 - \frac{k_f \tau}{d_{oi}^2}\right)^{\frac{3}{2}}$$

及

$$dR = (-n)\left(\frac{d_{oi}}{\bar{d}}\right)^{n-1} \frac{1}{\bar{d}} e^{-\left(\frac{d_{oi}}{\bar{d}}\right)^n} dd_{oi}$$

所以

$$\eta = 1 - \int_{\sqrt{k_f \tau}}^{\infty} (-n) \frac{d_{oi}^{n-4}}{\bar{d}^n} (d_{oi}^2 - K_{f\tau})^{3/2} e^{-\left(\frac{d_{oi}}{\bar{d}}\right)^n} dd_{oi}$$

或

$$\eta = 1 - \int_{\sqrt{k_f \tau}}^{\infty} (-n) \left(\frac{d_{oi}}{\bar{d}^n}\right)^{n-4} \left(\frac{d_{oi}^2}{\bar{d}^2} - \frac{\tau}{\tau_s}\right)^{3/2} e^{-\left(\frac{d_{oi}}{\bar{d}}\right)^n} d\left(\frac{d_{oi}}{\bar{d}}\right) \quad (2-99)$$

其中，$\tau_s = \bar{d}^2/K_f$ 即特征尺寸油珠的寿命。用数值积分法对式(2-99)进行计算，解的通式为

$$\eta = \eta\left(n, \frac{\tau}{\tau_s}\right) \quad (2-100)$$

总之，滴群扩散燃烧的特性可归纳为：

① 体现雾化细度的油雾特征尺寸 $\bar{d}$ 越小，时间 $\tau_s$ 越短，燃烧过程发展越快，燃烧效率越高；

② 液滴的燃烧常数 $k_f$ 越大，时间 $\tau_s$ 越短，表明燃烧过程发展越快，效率越高；

③ 均匀度指数 $n$ 越小，尺寸分布越不均匀，燃烧后期效率升高缓慢，这主要是粗大油珠燃烧进程缓慢所致。

## 思考题

1. $H_2$ 和 $Cl_2$ 反应生成稳定产物 HCl。反应机理如下：

$$Cl_2 + M \xrightarrow{k_1} Cl + Cl + M$$

$$Cl + H_2 \xrightarrow{k_2} HCl + H$$

$$H + Cl_2 \xrightarrow{k_3} HCl + Cl$$

$$Cl + Cl + M \xrightarrow{k_4} Cl_2 + M$$

① 判断各基元反应的类型（单分子、双分子……），并指出其在链锁反应中的作用。

② 写出 Cl 原子反应速率的完整表达式：$dC_{Cl}/dt$。

③ 写出求解 H 原子稳定浓度 $C_H$ 的表达式。

2. 试述热自燃着火临界条件与熄火临界条件？两者之间有什么异同？

3. 什么是着火与熄火的 S 曲线？如何理解熄火滞后现象？它有什么现实意义？

4. 炽热平板点火成功的临界条件是什么？它代表了什么物理含义？

5. 湍流火焰传播速度比层流火焰传播速度快，为什么？提高层流火焰与湍流火焰传播速度的措施有什么异同？

6. 以 V 形稳定器为例，说明高速气流下的火焰稳定机制。

7. 阐述燃油雾化过程与机理，以及离心喷嘴理论中的最大流量原理的含义。

8. 将直径为 $D$ 的单个油珠放在温度为 500 K 的静止空气内稳定蒸发，其蒸发常数为 0.1 $mm^2/s$，油珠蒸发 2.1 s 后点火燃烧，燃烧常数为 1 $mm^2/s$，5 s 后油珠燃烧完毕，求油珠初始直径 $D$。

# 第 3 章 扩压器流动

航空发动机压气机出口马赫数一般在 0.2～0.3 之间,绝对速度可以达到 100～200 m/s。这么高的速度直接进入火焰筒,燃烧室将很难组织起稳定高效的燃烧,也会导致 20% 以上的总压损失,从而大幅削弱航空发动机的动力和经济性能。另外随着燃烧室进口速度的提高,动压头($p_{t3} - p_{s3}$)将占到出口总压的 10% 以上,如能把其中的一部分动压头转化为压力能,将对提高发动机推力和降低耗油率起到积极作用。

在设计航空发动机燃烧室时,往往会在压气机出口和火焰筒之间设置扩压器(见图 3-1),扩压器是一个沿流程截面面积逐渐增大的流通通道,主要目的是降低来流空气速度,提高火焰筒进口静压。

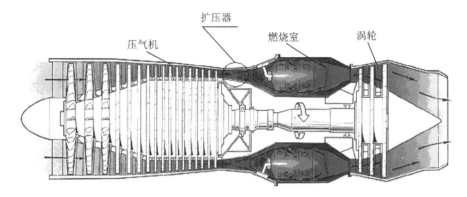

(a) 扩压器在发动机中的位置

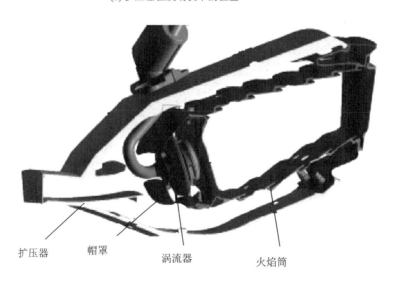

(b) 扩压器在燃烧室中的位置

图 3-1 扩压器的位置

## 3.1 扩压器类型

航空发动机燃烧室最基本的扩压器是气动扩压器,然后在此基础上发展出了短突扩扩压器、多通道扩压器、可调扩压器等。从形式上看,扩压器有锥形扩压器、二元扩压器和环形扩压器等。航空发动机燃烧室大都采用环形扩压器。

**1. 气动扩压器**

气动扩压器是最基本的一类扩压器,沿流动方向截面面积平缓增加,气流速度逐步下降,静压持续上升。根据扩压器壁面形式的不同,气动扩压器又可分为直壁环形扩压器和曲壁环形扩压器。气动扩压器由于流动平稳,压力损失小,有时也称为流线型扩压器。

直壁环形扩压器(见图3-2)是最简单的一类气动扩压器,扩压器壁面的母线为直线,结构简单,易于加工,成本低。但由于受限于气流分离的要求,直壁环形扩压器一般只应用于进口速度低、扩张比小的早期燃烧室中。

随着燃烧室进口速度越来越大,要求扩压器降低速度的能力越来越强,因而在直壁环形扩压器的基础上发展了曲壁环形扩压器,主要目的是通过合理设计扩压器壁面形状,使得在更大的扩张比下,在流动不分离的前提下更好地降低气流速度和提高静压。曲壁环形扩压器结构如图3-3所示,扩压器的壁面曲线一般按等压力梯度、等速度梯度或双纽线等规律设计。

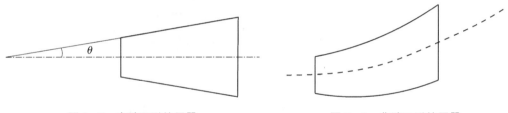

图3-2 直壁环形扩压器　　　　　图3-3 曲壁环形扩压器

**2. 短突扩扩压器**

为了缩短燃烧室长度,减轻重量,同时适应压气机出口速度和畸变程度不断提高的特点,在20世纪60年代航空发动机燃烧室发展出了短突扩扩压器(也称为突扩扩压器)。从图3-4可以看出,短突扩扩压器前段是一个流通面积渐进增加的通道,表现的是气动扩压器的特点,称为前置扩压器;在前置扩压器出口,流通面积突然增大,构成内外两个突然的扩张区,这一部分叫作突扩区。无论是前置扩压器还是突扩区,都可以根据具体的情况将扩压器的壁面形状设计为直壁或曲壁。突扩扩压器是目前燃烧室主要的扩压器。

**3. 多通道扩压器**

多通道扩压器是在气动扩压器的基础上发展起来的,目的是在特定的长度下实现更大的扩张比,以更多地降低流速,提高静压。图3-5所示为多通道扩压器原理图。从结构上看,多通道扩压器是在气动扩压器内部加设分流支板,从而形成了多个通道,比如图3-5中加了两个分流支板,构成了三个通道:2通道、3通道、4通道。多通道扩压器中由分流支板构成的通道主要起到两个作用:一是每一个分流通道都是一个小型的气动扩压器,其扩张角 $\beta$ 都小于可能导致气动扩压器分离的角度(如 9°)。整个扩压器的扩张角是三个小型气动扩压器的总和,这样就可以在扩压器长度不变且流动不分离的前提下得到更大的扩张比,或在保持扩张比不变时扩压器长度更短;二是可以初步引导气流流向火焰筒头部和内外环道。

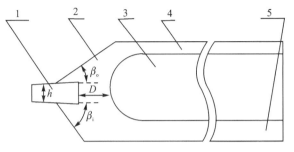

1—前置扩压器;2—突扩区;3—火焰筒;4—外环道;5—内环道

图 3-4 突扩扩压器结构

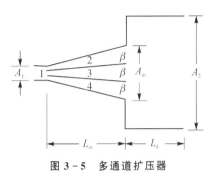

图 3-5 多通道扩压器

扩压器中分流板的位置和结构参数通过所需的流量及所需降低的速度量值来确定。多通道扩压器是目前新设计的环形燃烧室中常可能采用的一类扩压器。图 3-6 所示为 GE90 的双通道扩压器。

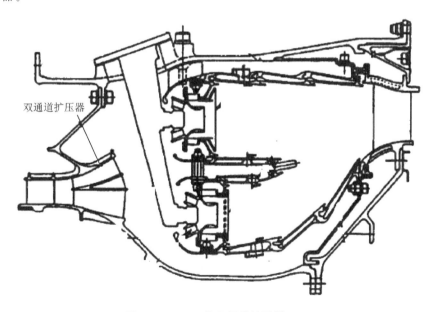

图 3-6 GE90 的双通道扩压器

### 4. 可调扩压器

当空气从压气机出来进入气动扩压器后,附面层厚度不断增加,附面层内的速度很小,静压升高,当达到一定厚度时,气流就可能产生分离,从而使分离处的流通面积减小,削弱了扩压器减速增压的能力。因此,如果能设法在气动扩压器的特定位置,比如在快要产生分离的位置,设置一个抽气槽缝,或增加扰流装置,就可以破坏壁面的附面层,减小厚度,同时还可以增强湍流度,从而降低了气流分离的可能性。可调扩压器就是基于这种思路设计的。其结构如

图 3-7 所示,在气动扩压器接近出口的地方设置了抽吸缝进行抽气,减小附面层厚度,降低气流分离的可能性,从而可以在更大的扩张角下保证扩压器气流不分离且工作稳定。

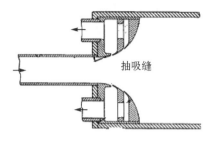

图 3-7 可调扩压器结构

## 3.2 扩压器结构和性能参数

为了评价扩压器的性能,定义了多个结构和气动参数用于表征扩压器结构、压力和速度等的变化关系。

为了使描述清楚扼要,除特别说明外,下面均以气动扩压器为对象介绍相关参数。扩压器的进出口截面分别标为 3.0 和 3.1,如图 3-8 所示。

**1. 结构参数**

燃烧室气动扩压器结构参数(见图 3-9)主要包括半扩张角 $\theta$、进口高度 $h_1$、扩压器轴向长度 $L$、扩张比 AR(进出口面积比)、无因次长度 $L/h_1$ 等。显然上述几个结构参数之间存在一定的定量关系。

设扩压器进口内、外半径分别为 $R_{3,0,i}$ 和 $R_{3,0,o}$,则出口内、外半径分别为

$$\left.\begin{array}{l} R_{3,1,i} = R_{3,0,i} - L\tan\theta \\ R_{3,1,o} = R_{3,0,o} + L\tan\theta \end{array}\right\} \quad (3-1)$$

扩张比 AR:

$$AR = \frac{A_2}{A_1} = \frac{R_{3,1,o}^2 - R_{3,1,i}^2}{R_{3,0,o}^2 - R_{3,0,i}^2} = \frac{R_{3,0,o}^2 - R_{3,0,i}^2 + 2(R_{3,0,o} + R_{3,0,i})L\tan\theta}{R_{3,0,o}^2 - R_{3,0,i}^2} = 1 + \frac{2L\tan\theta}{R_{3,0,o} - R_{3,0,i}} \quad (3-2)$$

在图 3-8 中,虚线为曲壁扩压器的内外壁面,扩张角用出口处切线角 $\theta_o$ 与进口切线角 $\theta_i$ 之间的差值来表示,即 $\theta = \theta_o - \theta_i$。

与气动扩压器相比,突扩扩压器多了两个结构参数:突扩间隙 $D$(或量纲为 1 的参数 $D/h_1$)和突扩区角度(见图 3-9),突扩间隙 $D$ 指前置扩压器出口与火焰筒头部进口处的距离。内、外突扩区角度 $\beta_i$ 和 $\beta_o$ 定义为突扩区壁面切线与前置扩压器轴线间的角度。

另外,突扩扩压器的扩张比可以分成两部分:一是前置扩压器的扩张比,这与上面介绍的气动扩压器的一样:$AR = A_m/A_1$;二是对整个扩压器而言,其出口分别对应火焰筒头部和内外环道,出口面积是三者的总和,其扩张比 $AR = (A_{21} + A_{22} + A_{23})/A_1$。但由于扩张比从本质上须反映速度和压力的变化,而三股流道的流量和面积都不相同,因而其速度变化比较复杂,从而不能简单地用总面积比来计算扩张比,而是需要分流道进行分析。

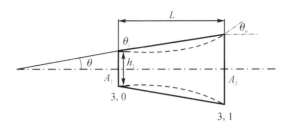

图 3-8 气动扩压器结构参数

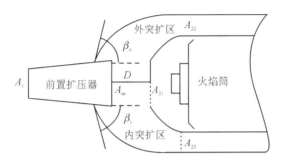

图 3-9 突扩扩压器结构参数

**2. 静压恢复系数 $C_p$**

静压恢复系数 $C_p$ 是指扩压器进出口静压差与进口动压头之间的比值。

$$C_p = \frac{p_{s,3,1} - p_{s,3,0}}{q_{3,0}} \tag{3-3}$$

式中,动压头为 $q_{3,0} = \frac{\rho \bar{u}_{3,0}^2}{2}$;进口平均速度为 $\bar{u}_{3,0} = \frac{w_a}{\rho A}$;任一截面总压、静压和动压头间的关系为 $p_{t3} = p_{s3} + q$。

$C_p$ 值反映了进口动压头转化为静压的程度,体现了扩压器减速增压的特点,是扩压器最重要的性能指标。

**3. 总压损失系数 $\zeta_d$ 和总压恢复系数 $\sigma_d$**

总压损失系数 $\zeta_d$ 是指进出口总压差与进口总压之间的比值,总压恢复系数 $\sigma_d$ 是指进出口总压的比值,即

$$\left. \begin{aligned} \zeta_d &= \frac{p_{t,3,0} - p_{t,3,1}}{p_{t,3,0}} \\ \sigma_d &= \frac{p_{t,3,1}}{p_{t,3,0}} = 1 - \zeta_d \end{aligned} \right\} \tag{3-4}$$

二者互为补数,均反映了空气流经扩压器后压力损失的程度。

**4. 扩压器效率 $\eta$**

扩压器效率 $\eta$ 是指扩压器实际静压恢复系数与理论静压恢复系数之比,反映了实际扩压器的性能与理想扩压器的差距。

$$\eta = \frac{C_p}{C_{pi}} \tag{3-5}$$

理想扩压器是指不考虑压力损失的扩压器($p_{t,3,0}=p_{t,3,1}$),对应的静压恢复系数即为理论静压恢复系数 $C_{pi}$,可以按照如下方法进行计算

$$\left.\begin{array}{l} p_{s,3,0} + \dfrac{\rho u_{3,0}^2}{2} = p_{s,3,1} + \dfrac{\rho u_{3,1}^2}{2} \\[2mm] \rho u_{3,0} A_{3,0} = \rho u_{3,1} A_{3,1} \Rightarrow u_{3,1} = u_{3,0} \dfrac{A_{3,0}}{A_{3,1}} = \dfrac{u_{3,0}}{\mathrm{AR}} \\[2mm] p_{s,3,1} - p_{s,3,0} = \dfrac{\rho u_{3,0}^2}{2} - \dfrac{\rho u_{3,1}^2}{2} = \dfrac{\rho u_{3,0}^2}{2}\left(1 - \dfrac{1}{\mathrm{AR}^2}\right) \\[2mm] \Rightarrow C_{pi} = 1 - \dfrac{1}{\mathrm{AR}^2} \end{array}\right\} \tag{3-6}$$

代入式(3-5),可以得到静压恢复系数 $C_p$ 与扩压器效率 $\eta$ 间的关系如下:

$$\eta = \frac{C_p}{C_{pi}} = \frac{C_p}{1 - \dfrac{1}{\mathrm{AR}^2}} \Rightarrow C_p = \left(1 - \frac{1}{\mathrm{AR}^2}\right)\eta \tag{3-7}$$

## 3.3 扩压器流态和性能分析

在扩压器设计中,须满足以下性能要求:
① 尽可能小的压力损失,一般须小于进口动压头占总压比例的 40%。
② 尽可能短的扩压器长度。
③ 保证气动扩压器流场不分离。
④ 保证在所有发动机运行状态下扩压器流场动态稳定。
⑤ 对压气机出口气流流场畸变不敏感。

总之,如何在最短的距离内,在最小的流阻损失下实现尽可能高的减速增压,是研究扩压器流场组织的关键。

上述要求均与扩压器流态密切相关,特别是与气流的分离情况有关。

扩压器进出口面积比越大,减速增压的效果就越好。当扩张角确定时,为了获得比较大的进出口面积,须增加扩压器的长度,这将增加流阻损失和发动机的重量。反过来,如果要保证更短的扩压器长度,必然要增大扩张角,又可能导致气流分离,造成实际进出口面积比减小,流阻损失增加。因此,流场性能和流态都与扩压器的结构密切相关。

本节首先分析没有气流分离时扩压器的性能变化情况,然后在此基础上再分析扩压器的各种流态。

**1. 无分离时扩压器一维流动性能分析**

现以气动扩压器为例,简要分析进出口速度、静压与面积比和长度间的关系。

假设扩压器流动没有分离,进口速度、面积、静压分别为 $u_{3,0}$、$A_{3,0}$、$p_{s,3,0}$,扩压器半扩张角为 $\theta$,进口流量为 $W_a$,密度为 $\rho$。

取距离进口为 $x$ 处的位置来分析,此时对应的扩压器高度和面积分别为 $h_x$、$A_x$,则对于直壁气动扩压器有:

$$h_x = h_1 + 2x\tan\theta$$

$$h_x/h_1 = 1 + 2\frac{x}{h_1}\tan\theta$$

流通面积比为

$$A_x/A_1 = h_x/h_1$$

对于曲壁气动扩压器,沿程面积与扩压器壁面型线直接相关;反过来,当壁面型线确定后,沿流向任意 $x$ 位置处的流通面积 $A_x$ 就可以计算出来。

速度之比可根据连续方程计算得到,在假定流动为不可压流时,有

$$u_x/u_{3,0} = (w_a/\rho A_x)/(w_a/\rho A_1) = A_1/A_x$$

若不考虑损失,扩压器沿轴向总压相等,则根据伯努利方程有

$$p_t = p_{s,3,0} + \rho u_{3,0}^2/2 = p_{s,x} + \rho u_x^2/2$$

$$\frac{p_{s,x}}{p_{s,3,0}} = p_t/p_{s,3,0} - \rho u_x^2/2p_{s,3,0} = p_t/p_{s,3,0} - \frac{\rho u_{3,0}^2}{2p_{s,3,0}}(A_1/A_x)^2$$

图 3-10 所示为进出口面积比、速度比和静压比沿流程的变化情况,其中 $L$ 为扩压器长度。由图及上述计算可知沿扩压器流动方向,面积比和静压比均增加,速度比减小,且面积比与速度比成反比,静压的增加要小于面积的增加。

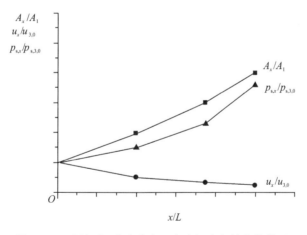

图 3-10 面积比、流速比和压力比沿流程的变化关系

**2. 气动扩压器流态分析**

上面讨论的是在扩压器内气流没有分离时一维流动性能的变化规律。实际上不同结构和进口条件下扩压器的流态会有很大的不同,不同的流态也会导致不同的扩压器性能,特别是气流分离会引起扩压器出口流场分布不对称和压力波动,进而引起总压损失增加,火焰筒的流量分配产生变化,局部燃烧性能恶化,出口温度场不均匀等。

对于气动扩压器而言,在不同的扩张比和长度下,会出现 5 种典型流态。图 3-11 所示为在特定结构参数上扩压器的流态情况,图中横坐标为长高比,纵坐标为扩压器的扩张角度。图 3-12 所示为气动扩压器的各种流态。

图 3-11 中的 4 条线 $a$—$a$ 到 $d$—$d$ 把整个图分成了 5 个区域,分别代表 5 种流态。在同一个扩压器长高比下,随着扩张角变大,在线 $a$—$a$ 以下的区域,扩压器的扩张角小,此时流动没有分离,流态如图 3-12(a)所示。在线 $a$—$a$ 到线 $b$—$b$ 之间的区域,是一个轻微分离的区域,此时在扩压器的一侧壁面处有很小的分离区,流线绕过该分离区后又会重新附着于壁面,如图 3-12(b)所示。从线 $b$—$b$ 到线 $c$—$c$ 之间的区域是一个非稳定分离区,此时扩压器中在某一侧壁面处出现分离区,然后消失,接着在另外一个位置或另一侧壁面又会出现分离区,整个流态呈现分离区不断变化的动态过程,从而会导致扩压器出口流场也呈现出类似的动态变化特性,从而给燃烧室性能带来极为恶劣的影响,流态如图 3-12(c)所示。再往上,从线 $c$—$c$ 到线 $d$—$d$ 之间的区域是一个稳定分离区,此时在扩压器的一侧壁面或两侧壁面会形成相对稳定的分离区,之后的流线会弯曲,但不会重新附着于壁面,流态如图 3-12(d)所示。在线 $d$—$d$ 以上的区域,扩压器的两个壁面都产生了稳定的分离区,且此时流线基本不拐弯,呈直线状态,出口流动呈现射流流动特征,所以常称为射流流动区,流线如图 3-12(e)所示。另外从图 3-11 中也可以看出,$L/H$ 越大,线 $a$—$a$ 到线 $c$—$c$ 都向下倾斜,说明流态变化时所对应的扩张角越小,这主要原因是随着扩压器长度的增加,壁面附面层越厚,分离的趋势增加。

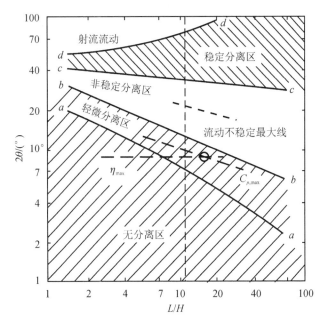

图 3-11 气动扩压器流态区域

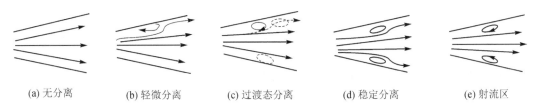

图 3-12 气动扩压器 5 种流态

另外,扩压器的最大静压恢复系数 $C_{p,\max}$ 出现在轻微分离区(见图 3-11),这主要是因为相比于无分离区,在同样长度下,该区对应的扩压器扩张角更大,尽管在扩压器中间的某个区域产生了分离,但流线经重新附着,出口处流场是完整的。随着扩压器长度的增加,$C_{p,\max}$ 对应最大的扩张角变小,这主要是因为扩压器越长,摩擦损失越大。图 3-11 中的无分离区和轻微分离区中还有一条虚线,表示最大扩压器效率 $\eta_{\max}$ 变化曲线,由图可知,在长高比为 3~20 时,最大效率 $\eta_{\max}$ 对应的扩张角基本不变,图中 $2\theta \approx 9°$,这主要是因为 $C_p$ 和 $C_{pi}$ 的变化主要和扩张比成正比关系,则 $\eta = C_p/C_{pi}$ 在一定范围内基本保持不变;同时也表明随着长高比的变大,扩压器总压损失相应增加,这与长高比和分离时对应的扩张角之间的变化关系是一致的。最大效率线和最大静压恢复系数线的交点处于轻微分离区。

损失也是气动扩压器的重要性能,扩压器的总压损失主要是沿程摩擦损失,目前有一些经验公式可用于近似计算气动扩压器的总压损失,如

$$\Delta p/p_{t,3,0} = [(1-1/AR^2) - C_p](p_{t,3,0} - p_{s,3,0})/p_{t,3,0} \quad (3-8)$$

**3. 突扩扩压器流场特性**

随着发动机燃烧室性能的提高,特别是进口气流速度和畸变程度的提高,迫切需要发展出一种性能更好的扩压器,能在长度保持不变的情况下,有更大的扩张比,速度降低得更多,同时改善进口气流的畸变程度。

突扩扩压器就是在这种背景下产生的。如前所述,突扩扩压器包括了前置扩压器和突扩区两部分。前置扩压器是典型的气动扩压器,流态与前面讲过的气动扩压器类似。突扩区的流场则比前置扩压器复杂(见图 3-13),从前置扩压器出口的气流分成三路,一路经帽罩进入火焰筒头部,另两路分别流入燃烧室的内外环道。流入火焰筒头部的气流在流线方向呈扩展流动,相当于前置扩压器的延伸,这一流动特点使进入头部区的流体静压进一步提高,有利于提高头部进气速度,强化了火焰筒头部进气能力。进入内外环道的流体在内外突扩区分别产生了两个稳定的回流区(即图 3-13 中虚线包围的区域),而进入内外环空气流道则介于回流区与帽罩边线之间。考虑到分离的风险这种流态一般处于图 3-12 中所示的射流区。因而短突扩扩压器的流态是前置扩压器处于无失速区或轻微失速区,突扩区流态与射流区一样。

进一步,在图 3-14 中从前置扩压器出口画了四组虚线,把突扩区分成了三部分,从前置扩压器出来的空气分别沿着这三个流道流入外环、头部和内环通道,因而如把突扩区中的内外回流区撇除在外,可以将突扩扩压器看成是一个前置气动扩压器连着三个气动扩压器的形式。

短突扩扩压器的这种流态具有以下特点:
① 通过前置扩压器可以获得较大的静压恢复系数;
② 突扩区可以进一步降低流速,提高静压,同时还可以改善燃烧室对进口流场畸变带来的影响;
③ 损失远大于气动扩压器,且主要来自于突扩区内的气流分离。

短突扩扩压器可以改善进口气流畸变带来的影响。比如在某一时刻由于扩压器进口流场的畸变导致前置扩压器出口流场分布不对称(见图 3-14),出口流场偏向外环部分,进入外环道的气流速度提高,静压降低。而在此瞬间,外突扩回流区内的静压保护不变,压差使外环回流区边界外伸,进入外环的空气流道面积减小,阻力增加,反过来又阻碍了外环部分的流动,速度降低,流量减小,从而抵消了进口流场畸变带来的影响。

除此之外,外环方向速度增大后,还有可能在帽罩外边缘形成滞止区或分离区,进一步增加了流通阻力,阻碍空气向外环流动。

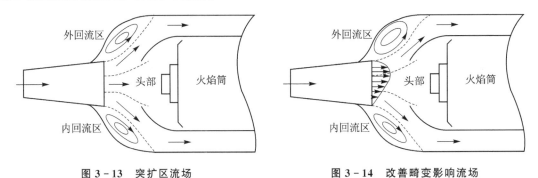

图 3-13 突扩区流场　　　　　　图 3-14 改善畸变影响流场

有很多因素会影响突扩扩压器的性能,主要包括结构和流动参数两方面。

前置扩压器的扩张角 $\theta$、面积比 AR 和扩压器长度 $L$ 主要影响静压恢复大小和流动是否会产生分离,三者间存在定量关系。AR 越大,速度降低的就越多,静压恢复的也越多,但流动分离的风险增加,总压损失变大。

突扩间隙 $D$ 也对突扩扩压器性能有很大的影响。突扩间隙过小,从前置扩压器出来的气流转弯过于剧烈,总压损失显著增加,静压恢复减小;反之,突扩间隙过大,会造成扩压器总长度增加,突扩区区域变大,流体流程变长,总压损失也会增加。

进口流场对扩压器性能的影响主要表现在速度场的径向对称程度和叶片尾迹上。进口速度场不均匀时,前置扩压器的出口流场沿径向呈不对称分布,造成火焰筒头部和内外环道的流量分配不均,静压分布不均匀,从而影响扩压器性能和燃烧室燃烧性能。叶片尾迹引起的流场与附面层型进口流场有较大的区别,总压损失增加,一般压气机出口处会设计一个平直段来衰减叶片尾迹。

在燃烧室中,实际上从扩压器进口一直到内外环道的整个流道都起着减速增压的作用(见图 3-15),主要包括了三个扩压区:扩压器段为初步扩压区,实行初步的扩压,此时对所有的空气都起作用;扩压器和内外环道之间的过渡区域为第二扩压区,主要对进入内外环道的空气进行第二次减速增压;内外环道构成了第三扩压区,此时针对的是内外环道不断减少的空气流量(不断地进入火焰筒)。

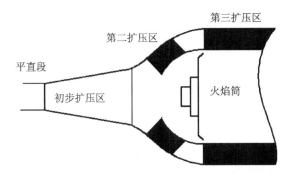

图 3-15 扩压器

## 思考题

1. 简述扩压器静压恢复系数和效率间的关系。
2. 分析气动扩压器各种流态的基本特点以及产生的原因。
3. 采用短突扩扩压器的原因是什么？突扩区流态设计成射流流动的出发点是什么？
4. 为什么短突扩扩压器对进口流场畸变不敏感？
5. 分析改善短突扩扩压器性能的方法。

# 第 4 章　燃烧室空气流动

各类燃烧室的形式、结构尺寸、气动参数和供油方式等都有很大的差别,但在燃烧室流动布局上都是类似的。比如:扩压器和内外环道的气动设计目标是降低速度、提高静压和合理分配流量,保证流动不分离、总压损失小和流场均匀。火焰筒内的流场组织的关键在于稳定火焰回流区的形成、高效冷热气流的掺混和壁面冷却气流的组织。

空气从压气机进入燃烧室后的流场如图 4-1 所示。首先在扩压器中降低速度,提高静压;然后一部分空气经头部的旋流器等进入火焰筒(称为第一股空气),另一部分流入内外环道后,分别经主燃孔、中间孔、掺混孔和冷却孔等进入火焰筒(统称为第二股空气)。

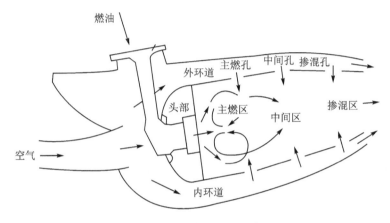

图 4-1　燃烧室流场分布

为了稳定高效地燃烧,通常把火焰筒按功能划分为主燃区、中间区(补燃区)和掺混区等区域(见图 4-1)。从头部到燃烧室出口,空气通过各组孔槽分别进入各功能区域,火焰筒内的空气流量逐渐变大。显然,各区域的流场特性和流量分配与内外环道、火焰筒各类小孔、旋流器的流动特性密切相关,且对燃烧室的流动和燃烧性能起着至关重要的作用。

本章首先介绍燃烧室内外环道的流场情况,然后介绍与火焰筒流场相关的小孔射流流动和旋流器流动的基本特性,最后讨论火焰筒功能区的划分及流场特点。

## 4.1　燃烧室流动参数

为了表征不同结构和不同工况下燃烧室的流动性能,在燃烧室中定义了参考速度、压力损失等参数。

**1. 参考截面参数**

在燃烧室特定横截面处的流动速度称为参考速度,该选定的横截面称为参考截面。在燃烧室中一般取最大横截面作为参考截面。在计算燃烧室最大横截面积时不考虑火焰筒。

所有参考截面处的参数(包括面积、速度、动压头等),都用下标 ref 表示。

参考速度 $u_{ref}$ 为

$$u_{ref} = \frac{m_3}{\rho_3 A_{ref}} \tag{4-1}$$

式中，$m_3$ 和 $\rho_3$ 为燃烧室进口流量和密度；$A_{ref}$ 是参考截面面积。

参考截面处的动压头 $q_{ref}$：

$$q_{ref} = \frac{\rho_3 u_{ref}^2}{2} \tag{4-2}$$

参考截面处的马赫数 $Ma_{ref}$：

$$Ma_{ref} = \frac{u_{ref}}{\sqrt{k R_g T_3}} \tag{4-3}$$

**2．压力损失参数**

如第 1 章所述，燃烧室中表征压力损失的参数主要如下。

燃烧室总压损失系数：

$$\zeta_B = \frac{\Delta p_{t3-4}}{p_{t3}}$$

总压恢复系数：

$$\sigma_{13} = \frac{p_{t4}}{p_{t3}} = 1 - \zeta_B$$

流阻系数：

$$\xi_B = \frac{\Delta p_{t3-4}}{q_{ref}} = \frac{\Delta p_{tdiff}}{q_{ref}} + \frac{\Delta p_{tL}}{q_{ref}} \tag{4-4}$$

式(4-4)的流阻系数中包括了扩压器和火焰筒两部分压力损失。这两部分损失中：扩压器的总压损失 $\Delta p_{tdiff}$ 对改善燃烧室流动和燃烧性能没有任何好处，需要尽可能减小。火焰筒的压力损失要复杂一些，从发动机动力性能上要求损失越小越好，但较大的火焰筒压力损失可以保证更高的射流速度、更强的紊流度，保证良好的油气混合和冷热气流掺混，这些都有利于促进火焰稳定、提高燃烧效率和改善燃烧室出口温度场。定义 $\beta$ 为火焰筒压力损失占总压损失的比例，即

$$\beta = \frac{\Delta p_{tL}}{\Delta p_{t3-4}} \tag{4-5}$$

在典型环形燃烧室中，$\beta$ 在 70% 左右。

流阻系数与总压损失系数都可以表征燃烧室损失的大小，二者间存在如下关系：

$$\zeta_B = \frac{\Delta p_{t3-4}}{p_{t3}} = \frac{\Delta p_{t3-4}}{q_{ref}} \times \frac{q_{ref}}{p_3} = \xi_B \frac{\rho_3 u_{ref}^2}{2 p_3} = \xi_B \frac{R_g}{2} \left( \frac{m_3 T_3^{0.5}}{A_{ref} p_3} \right)^2 \tag{4-6}$$

式(4-6)右边包含两项，除流阻系数 $\xi_B$ 外，还有一项是 $\frac{R_g}{2} \left( \frac{m_3 T_3^{0.5}}{A_{ref} p_3} \right)^2$，如果总体热力参数确定，压气机出口参数一定，则 $\frac{m_3 T_3^{0.5}}{A_{ref} p_3}$ 中可能变化的只有燃烧室参考截面面积 $A_{ref}$，显然增加 $A_{ref}$ 有利于减少总压损失。

上面讨论的是冷态时燃烧室压力损失情况。在燃烧状态下，压力损失会有所增加。在低

马赫数条件下,均匀混气燃烧时产生的热态损失可表示如下:

$$\frac{\Delta p_{\text{hot}}}{q_{\text{ref}}} = \frac{\rho_3}{\rho_4} - 1 \tag{4-7}$$

式中,$\rho_3$,$\rho_4$ 分别为在燃烧室进出口的密度。由于燃烧室进出口压力变化不大,因而上式也可近似写为

$$\frac{\Delta p_{\text{hot}}}{q_{\text{ref}}} \approx \frac{T_4}{T_3} - 1 \tag{4-8}$$

## 4.2 燃烧室内外环道流动

内外环道有时也简称为二股通道。火焰筒内的空气除了部分从头部进入以外,其余都是通过内外环道进入的,因而其流动参数(如环道速度、环道压力与火焰内部的压力大小等)都会对火焰筒内的流量分配、流场结构和壁面冷却等有非常重要的影响。

空气经扩压器进入内外环道后,沿程不断有空气通过各种孔槽进入火焰筒,因而越到环道后段,空气流量越少。假设燃烧室内外环道是一个等面积的流通通道,则沿流动方向随着流量的减少,流动速度降低,而静压有所升高(见图 4-2)。这种流动特点,特别是后段静压升高对火焰筒小孔射流的流动是有好处的,如掺混气为促进冷热气流的充分混合,需要有较大的穿透能力,这样就要求有比较大的火焰筒内外压差。

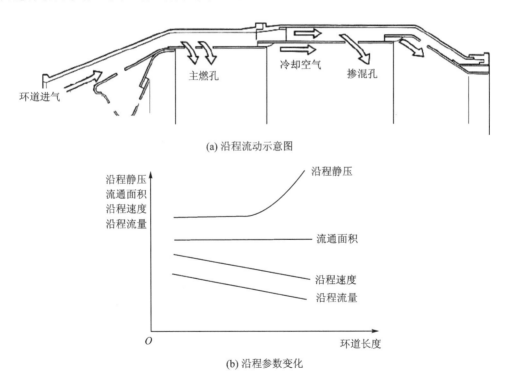

图 4-2 环道内流动参数变化关系

环道内的流动结构与扩压器内减速增压的流动过程类似,区别在于扩压器内流量保持不变,流通面积增加,而环道内则是流量一直在减小。同样地,与扩压器流动类似,内外环道的流

动也会存在分离的问题。当动量不足以克服压差时,在附面层附近就会产生回流,影响火焰筒孔槽进气,同时由于火焰筒开孔复杂,分离的具体位置和强度都很难精确地预测出来。另外,在内外环道流动中,有时也会出现头部区冷却孔进气困难,这主要是因为扩压器出口处气流附面层较厚造成的;而随着气流在内外环道中向后流,由于不断有空气经小孔进入火焰筒,附面层受到破坏,所以后段不存在这个问题。

为了解决分离问题,内外环道可采取以下措施:①将内外环道后段空气通道的面积逐渐减小,以防止流速过低,当然此时需要注意保证足够的火焰筒内外静压差,以保证小孔流量和射流穿透深度;②采用图4-3所示的隔板和小凸台来控制附面层和流动分离带来的影响。

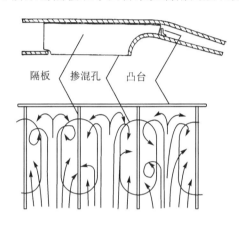

图 4-3 控制环道内气流分离措施

总之,内外环道的流动特性对火焰筒内的流场有非常大的影响,需要设计合理的环道速度、环道压力,一般较小的环道速度可以获得较高的火焰筒内外压差,可提高小孔进气流量和小孔射流强度;另外,环道速度和压力分布沿燃烧室周向尽可能均匀,以保证火焰筒同一排孔的进气量和流态相近。

## 4.3 小孔射流特性

火焰筒通过壁面上的各类小孔进气,因而小孔的射流特性直接决定了火焰筒的流量分配和各区的流动结构。

火焰筒主要有两大类进气孔:一类是进气用于燃烧和掺混的孔槽,这类孔都比较大,有时也直接简称为大孔;另一类是冷却孔,这类孔要小得多,直径往往在1 mm以下。火焰筒壁面的小孔有圆孔、椭圆孔、长方孔等,各类孔又有不同的形式。目前比较常见的是圆孔。

下面主要以圆孔为对象讨论小孔射流流动的特性。小孔射流特性主要包括射流轨迹和射流流量两方面。

### 4.3.1 小孔射流轨迹

图4-4所示为小孔射流的流动轨迹,在分析轨迹时假定流体是不可压流和理想气体。当空气从环道流向火焰筒内部时,流线开始时会收缩,然后再扩展,因而会出现一个最小的流通面积,设其直径为$d_j$(小于小孔直径$d_h$),此时对应的速度是最大射流速度$v_j$。进入火焰筒后,

射流与火焰筒内的气流相互作用,形成射流核心区和剪切层两个区域。剪切层内形成了类似于烟尾迹的涡带,并通过开尔文-亥姆霍茨(Kelvin-Helmholtz)不稳定和黏性剪切力不断地进行流体混合,卷吸涡越来越大,不断地挤压核心区,直至其消失。气体继续往火焰筒内部流动,由于混合,射流的强度与火焰筒内部的气流越来越接近,剪切层的强度减弱。此时,射流与火焰筒内气流的掺混会出现两种情况:一种仍是卷吸作用;另一种则是火焰筒内气流进入到射流中间,两相混杂在一起形成搅拌区,搅拌区越来越大,而剪切层越来越弱直至消失,最后射流与火焰筒内气流全部混合在一起。

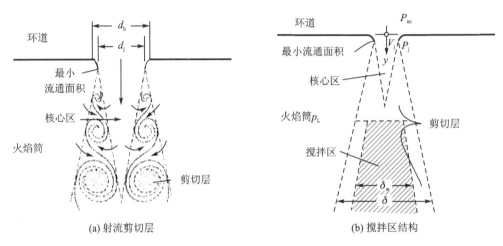

(a) 射流剪切层　　　　　　(b) 搅拌区结构

图 4-4　射流轨迹

如不考虑流动过程中的损失,则有

$$P_{an} = p_j + \frac{1}{2}\rho v_j^2$$

$$p_j = p_L$$

将以上两式计算可得

$$v_j = \sqrt{2(P_{an} - p_L)/\rho}$$

当来流雷诺数在 $10^4 \sim 10^5$ 范围内时,核心区的长度一般为 $(5\sim 7)d_j$,剪切层的长度一般为 $10d_j$(搅拌区前的长度),剪切层的半扩张角 $\theta$ 为 7°左右(上述结果可以参考相关的流体力学书,通过联立连续方程、动量方程等得出),这样可以得出射流宽度 $\delta$ 为

$$\delta = d_j + 2y\tan\theta$$

如果 $y$ 远大于 $d_j$,则 $\delta \approx 2y\tan\theta$。

进一步,按照能量守恒,在 $y$ 处的速度 $v_y$ 有

$$\rho_y v_y^2 \delta^2 = \rho_{an} v_j^2 d_j^2 = \text{const}$$

$$v_y = \sqrt{\frac{\rho_{an}}{\rho_y}} \cdot \frac{v_j d_j}{2\tan\theta} \cdot \frac{1}{y}$$

式中,$v_j$ 为最小流通面积处的速度。

上面讨论的是射流流入静止气流当中的情形。实际上火焰筒内的气流处于流动状态,这相当于射流进入到一个有横向气流作用的流场中,如图 4-5 所示。这与上面讨论的主要区别在于射流从小孔出来后,受到横向气流的作用,其射流轨迹弯曲,并在与横向气流的作用下,在

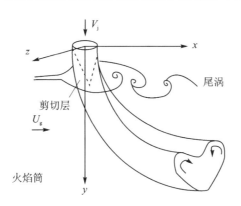

**图 4-5 横向气流中圆孔射流流动轨迹**

射流下游产生一系列的尾涡。

射流轨迹仍可据连续方程、动量方程等基本方程计算得出。国内外开展了不少类似的研究,并总结了一些经验公式,其中典型的有

$$\frac{Y}{d_j} = 0.87 \left(\frac{\rho_j}{\rho_g}\right)^{0.47} \left(\frac{U_j}{U_g}\right)^{0.85} \left(\frac{X}{d_j}\right)^{0.32}$$

$$\frac{Y}{d_j} = 0.82 J^{0.5} \left(\frac{X}{d_j}\right)^{0.33}, \quad J = \frac{\rho_j u_j^2}{\rho_g u_g^2}$$

式中,下标 j,g 分别表示该参数为射流和火焰筒内燃气对应的参数。

燃烧室小孔射流流动中,还有两个参数很重要,即射流穿透深度和混合质量。

射流穿透深度就是流动的最远处或射流流动轴向速度为 0 的地方。射流穿透深度对燃烧室性能有很大的影响。比如对于主燃孔和掺混孔射流,穿透深度希望有一个合适的值,不能太大也不能太小;而冷却空气需要贴壁流动,其穿透深度不能太大。

在实际流动过程中,穿透深度常按照射流边界、射流中心速度和射流中心温度等方面来定义。目前常见的有以下三种:

① 射流起始处与射流和主流完全混合处的距离;
② 射流起始处与射流中心速度和主流速度一致处的距离;
③ 射流起始处与射流中心温度和主流温度相同处的距离。

显然,射流孔的尺寸越大,射流角度越接近垂直入射,初始流动参数越强,穿透深度更大,而较强的火焰筒内流动将会削弱穿透深度,即

$$\frac{Y_{max}}{d_j} \propto K \left(\frac{\rho_j u_j^2}{\rho_g u_g^2}\right)^{0.5} \sin\theta \tag{4-9}$$

式中,$k$ 为常系数;$\theta$ 为射流角度。

射流进入火焰筒后,与火焰筒内的燃气混合,其混合过程和混合质量是燃烧室获得优越性能的重要保证。在主燃区,有效的油气混合将加快燃烧速率,提高燃烧效率;在掺混区,高效的冷热气流混合是获得良好出口温度场的保证。

混合质量可以用无量纲平衡温度 $\theta_{eq}$ 来表述:

$$\theta_{eq} = \frac{\Delta T}{\Delta T_0} = \frac{T_g - T_{eq}}{T_g - T_j} \tag{4-10}$$

式中，$T_g$ 和 $T_j$ 分别为火焰筒主流温度和射流的初始温度；$T_{eq}$ 为射流混合后的当地温度。

与穿透深度一样，小孔参数、射流强度和火焰筒内的气流强度都会影响混合质量。射流角度越接近 90°，湍流程度越高，射流和火焰筒内气流的速度比和密度比就越大，二者的混合质量也越高。

上面的讨论主要针对单个射流在静止气流和横向气流场中流动的问题。火焰筒上开有很多小孔，相互之间存在干扰，从而会影响射流轨迹。但不管怎样，多个射流和单个射流的流动机理是一样的。

### 4.3.2　小孔射流流量

射流流量也是小孔射流特性的重要方面。流量与小孔流通面积、速度等相关，小孔速度可以根据小孔内外静压差求得。图 4-6 所示为空气流经平圆孔的流动情况。

假设环道的总流量、面积分别为 $m_{an}$ 和 $A_{an}$，流入小孔的流量和小孔面积分别为 $m_h$ 和 $A_h$。则根据连续方程可得小孔理论流量 $m_{ih}$：

$$m_{ih} = \rho_3 A_h u_h = A_h [2\rho_3 (p_{t1} - p_h)]^{0.5} \quad (4-11)$$

式中，$p_{t1}$ 为小孔前的总压；$p_h$ 为小孔处的静压。

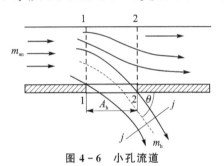

图 4-6　小孔流道

但实际上，如 4.3.1 小节所述，小孔射流流线会收缩，特别是小孔平面与环道流通截面成一定角度时，气流的流线必须收敛转弯后才能进入小孔。在小孔边缘 1 点处，转弯半径小，产生的离心力大，而在 2 点正好相反，转弯半径大，离心力小，在此离心力作用下，气流离开小孔后流线继续收缩，在一定的位置会产生一个最小截面，如图 4-6 所示的 $j-j$ 截面，该截面的流通面积比小孔面积小，控制了实际的射流流量；另外，小孔流动过程中存在压力损失，流动速度变小，这也会导致实际流通流量减小。

这样，实际通过小孔的流量就会小于式（4-11）得到的理论流量。把流量的减小程度用流量系数 $C_d$ 表示出来，则在式（4-11）的基础上，可以把小孔流量公式写成

$$m_h = C_d \rho_3 A_h u_h = C_d A_h [2\rho_3 (p_{t1} - p_h)]^{0.5} \quad (4-12)$$

式中，$C_d$ 为小孔流量系数。

由上面的讨论可知，要得到流量，不仅需要知道小孔面积、流动速度和密度，而且还要知道流量系数。显然，流量系数是一个与小孔形状、射流参数等有关的参数，需要额外加以考虑。

下面简要分析影响小孔流量系数的因素。

① 小孔的形状和类型。孔的形状不一样，则射流的流动轨迹、最小流通面积和损失都不一样，流量系数也会有差别。显然越有利于流动的小孔形状，其流量系数越大。一般而言，漏斗孔的流量系数较高，卷边孔又高于平孔。图 4-7 所示为卷边孔与平孔的流量系数随结构综合参数 $K$ 的变化情况，由图可知卷边孔的流量系数比平孔大 30% 左右。

② 径高比 $d/h$（$d$ 为孔径，$h$ 为孔高）的影响。如图 4-8 所示，当流体进入小孔时，流线会收缩。显然，$d/h$ 会对流线收缩的程度产生影响。一般情况下，较大的小孔高度 $h$ 可使收缩的流线得到适当的恢复，使射流在孔出口处的有效面积增大，流量系数 $C_d$ 增加。因而总的来

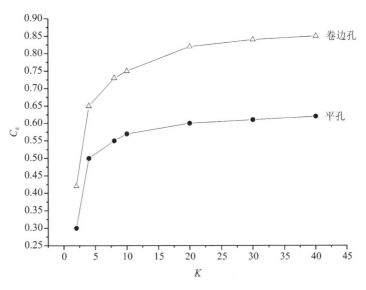

图 4-7 卷边孔与平圆孔的流量系数随结构综合参数 $K$ 的变化情况

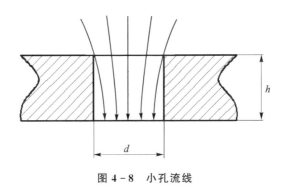

图 4-8 小孔流线

看,流量系数随 $d/h$ 的减小而增加。当流线恢复贴壁后,若 $h$ 继续变大,会增加壁面摩擦损失,$C_d$ 变小。

③ 小孔内外的压降。压降增大,则小孔内射流速度增大,雷诺数增大,射流黏性力影响相对减小,损失所占比例减小,流量系数 $C_d$ 增大。

④ 火焰筒内的流速。流速会影响到火焰筒内部小孔处的静压分布和小孔射流的流入阻力,但这种影响不大。

⑤ 环形通道内的流态,包括流速和压力分布。环道内流速越高,静压越小,火焰筒内外压差减小,流量系数随之减小。

## 4.4 旋流器流动特性

为满足航空发动机燃烧室在很宽的工作参数范围内稳定高效燃烧的需要,燃烧室采用旋流器实现油气混合和火焰稳定。

旋流器装在火焰筒头部,是由一组与进口气流流动成一定角度的叶片构成的流通通道,其结构如图 4-9 所示,基本参数包括了叶片数 $N$、叶片通道高度 $Z$、叶片出口角度 $\theta$、叶片间距 $S$、叶片弦长 $C$ 以及展弦比 $Z/C$ 等。

旋流器的形式有很多种。根据流动方向，旋流器可以分为轴向旋流器、径向旋流器和塔式旋流器等。图 4-9(b)所示为径向旋流器，与图 4-9(a)所示的轴向旋流器相比，其流动方向沿径向进入火焰筒。旋流器根据级数又可以分为单级旋流器和双级旋流器。图 4-9 所示均为单级旋流器。图 4-10 所示为一个典型的双级轴流式旋流器，包含了两个旋流器，紧靠着喷嘴的是副旋流器(也称一级旋流器)，外围的是主旋流器(也称二级旋流器)。根据叶片类型，可以分为直叶片和曲叶片旋流器。直叶片旋流器便于加工，但叶片角度不能太大。曲叶片的角度可以大得多，流动也不易分离，其相应的旋流器有更好的流动特性，在相同条件下有更小的压力损失并产生更强的旋流。

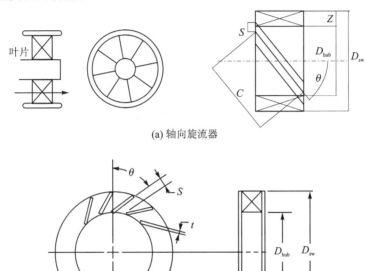

图 4-9 旋流器结构

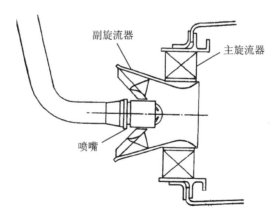

图 4-10 双级轴流旋流器

空气流过旋流器后，在旋流器叶片的导流作用下，气流斜着进入火焰筒，形成一个周向的旋流流场(见图 4-11)。在旋流离心力的作用下,流线往火焰筒外围偏。同时由于旋流器的中间一般是喷嘴,没有空气进入,因而在旋流器中心处会形成一个低压区。当内外压差大到一定程度时,就可能迫使流线回绕往前流,在轴向截面产生一个轴向回流区。由于旋流器是一个圆环结构,因此轴向回流区是一个涡环结构。

综合以上介绍可知,旋流器后的流场包括外围的周向螺旋流场和中间呈涡环结构的回流流场,两者耦合在一起构成了旋流器流场的基本结构。

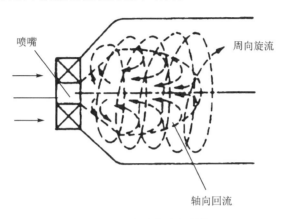

图 4-11 旋流器流场结构

旋流器的两个旋转流场作用并不一样:周向旋流场是由流线形成的,主要起到产生内外压差和进行油气混合的作用;轴向回流区是由压力梯度形成的,主要起到火焰稳定和促进燃烧的作用。图 4-12 所示为典型的旋流器后轴向回流区的流场。与 2.3.3 小节中类似,$ACB$ 是主流区和环流区的分界线,$OACB$ 范围内为环流区,以外是主流区。$B$ 点为流动的后滞止点,虚线 $AB$ 表示轴向速度等于 0 的线,称为零速线。在 $AB$ 线上面的区域,流动速度都顺着流动方向,是顺流区;下面区域的流动速度正好相反,是回流区。图 4-13 所示为典型的回流区速度分布图。轴向速度沿径向先增加再减小,到零速度线时变为 0,再往里即变为负;周向旋流速度也沿径向先增加后减小,到中心线处变为 0。另外,习惯上有时也把环流区称为回流区。

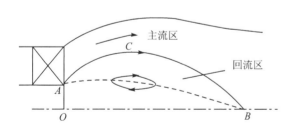

图 4-12 旋流器后回流区的流场图

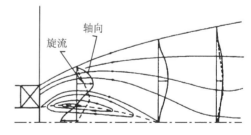

图 4-13 回流区速度分布

为表征回流区的强度和评价旋流器的性能,又引进了旋流数 $S_N$ 的概念,即切向动量矩 $G_m$ 与轴向动量通量 $G_t$ 的比值。

$$S_N = \frac{G_m}{G_t D_{sw}/2} \tag{4-13}$$

$$G_m = \int_0^{D_{sw}/2} \rho u 2\pi r \mathrm{d}r w r = \int_0^{D_{sw}/2} 2\pi r^2 \rho u w \mathrm{d}r \tag{4-14}$$

$$G_t = \int_0^{D_{sw}/2} 2\pi r \rho u^2 \,dr + \int_0^{D_{sw}/2} 2\pi r p \,dr wr \qquad (4-15)$$

式中,$u$、$w$、$p$ 分别为速度的轴向分量、切向分量和静压;$D_{sw}$ 为旋流器直径。

对于固定角度的直叶片旋流器,由式(4-15)可以推得旋流数 $S_N$ 的计算公式为

$$S_N = \frac{2}{3} \times \frac{1-(D_{hub}/D_{sw})^3}{1-(D_{hub}/D_{sw})^2} \tan\theta \qquad (4-16)$$

式中,$D_{hub}$、$D_{sw}$、$\theta$ 分别为旋流器内径、外径和叶片角度。

由旋流数的定义可知,旋流数的大小反映了切向动量与轴向动量间的大小关系。$S_N$ 越大,表明切向流动强度越大,也即周向旋流场的强度大,因而内外压差也大,也越容易形成轴向回流区。一般来说,当旋流数 $S_N<0.4$ 时,流线基本没有变化,不会在旋流器下游产生轴向回流,称为弱旋流。旋流数在 0.4~0.6 之间时,可以看到流线开始明显弯曲,但仍没有形成回流。当 $S_N>0.6$ 时,将在旋流器后形成轴向回流区。

除了旋流数对回流流场有影响外,还有其他因素也会影响回流区的特性,如叶片角度、叶片数目等。

① 叶片角度增大,回流区区域随之增大,回流量增多(见图 4-14 和图 4-15)。但叶片角度并不是越大越好,当角度增大时,叶片通道内的流动有可能分离,压力损失增加,回流区变长。参见图 4-14 和图 4-15 中叶片角度为 70°时的情况。

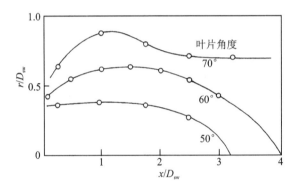

图 4-14 叶片角度对回流区结构的影响

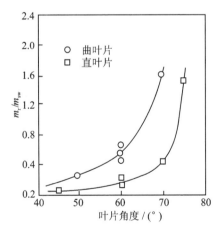

图 4-15 叶片角度对回流量的影响

② 叶片数越多,回流区越大(见图 4-16),但叶片数增加,也会增加堵塞面积,降低流通能力,增加流动损失。

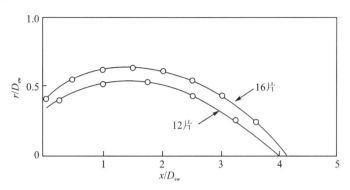

图 4-16 叶片数对回流区结构的影响

③ 在相同条件下,曲叶片比直叶片形成的回流区大一些(见图 4-17),卷入回流区的回流量(图 4-17 中表示为 $m_r/m_{sw}$,$m_r$ 为卷入回流区的流量,$m_{sw}$ 为旋流器总流量)也多。

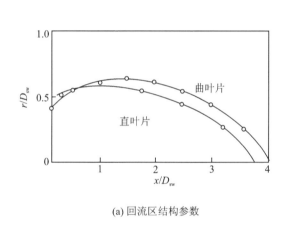
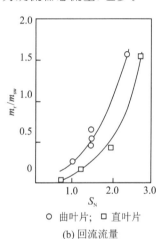

(a) 回流区结构参数　　　　　　　　　　(b) 回流流量

图 4-17 叶片类型对回流区参数的影响

## 4.5　火焰筒功能区划分及流动特性分析

航空发动机燃烧室中,燃烧总是在气相中进行。燃料和空气的均匀混气只能在很窄的油气比范围内稳定燃烧,如煤油蒸气,常温常压下仅能在 $\alpha=0.33\sim2$ 的范围内燃烧。另外,由于冷却火焰筒壁面以及调节燃烧室出口温度场都需要额外的空气,由此确定的燃烧室余气系数 $\alpha$ 一般在 2~5 之间,显然这种混气的贫油程度已超出可燃范围。因此,为了实现稳定高效地燃烧,通常会把火焰筒按功能划分为主燃区、中间区(补燃区)和掺混区等区域,如图 4-18 所示。从火焰筒头部到燃烧室出口,空气通过各组孔槽分别进入各功能区域,火焰筒内的空气流量逐渐变大。

下面对火焰筒各区域的功能和流场特性进行讨论分析。

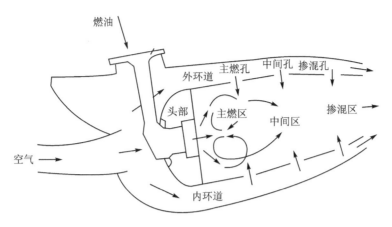

图 4-18 火焰筒分区

## 1. 主燃区

主燃区是指从火焰筒头部起至主燃孔之间的一段空间。燃油通过喷嘴供入主燃区,与从旋流器和主燃孔进入的空气混合成可燃混气,实现火焰稳定和高效燃烧的功能。

空气通过旋流器后产生螺旋运动,并在中间形成了强回流区(见图4-19(a))。由主燃孔流入的空气分成两部分:一部分流入轴向回流区内,强化轴向回流,同时也限制了回流区的轴向长度(见图4-19(b));另外一部分往下游流动,进入中间区。因此,主燃区的基本流态与旋流器后形成的流场类似,但加入主燃孔气流后,轴向回流区的轴向长度会缩短,同时由于主燃孔是离散的,造成不同旋流器周向角度处回流区的长度不一样。

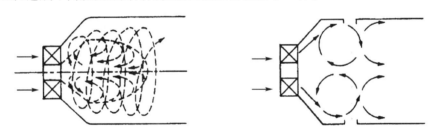

(a) 仅旋流器后流场    (b) 旋流器和主燃孔共同作用下流场

图 4-19 主燃区回流区

主燃区的油气比($m_f/m_{pz}$)是燃烧室最关键的参数之一,它直接决定了燃烧室的燃烧性能。燃油量取决于燃烧室的总油气比,一旦燃烧室总的进气量确定,燃油量就定了,那么主燃区的油气比就取决于主燃区的空气量 $m_{pz}$ 了。

早期燃烧室基于点火和火焰稳定的需要,常设计为富油主燃区,现逐步趋于贫油主燃区设计。此外,在发动机的不同工作状态时,主燃区的油气比也在变化,比如巡航时主燃区设计成化学恰当比的油气状态,起飞状态略微富油一些,而高空飞行时是贫油状态。三种类型的主燃区对燃烧室性能有不同的影响,其优缺点比较如表4-1所列。

表 4-1 不同油气比主燃区对燃烧室性能影响的比较

| 类 型 | 优 点 | 缺 点 |
| --- | --- | --- |
| 化学恰当比 | 放热率最高；<br>冒烟少，不积炭 | 散热多；<br>$NO_x$ 排放多 |
| 富 油 | 点火性能好；<br>贫熄性能宽；<br>小状态时燃烧效率高 | 容积释热率低；<br>冒烟和积炭相对多；<br>火焰筒壁面温度高 |
| 贫 油 | 燃烧干净，无冒烟和积炭；<br>火焰筒壁温度低；<br>出口温度场分布均匀 | 稳定性能和点火性能较差 |

进入主燃区的空气量除了上面讨论的旋流器进气和主燃孔进气外，还包括了用于喷嘴的空气和冷却空气。这些进气中，主燃孔进气和冷却空气中只有一部分进入了主燃区，即

主燃区空气量 = 100%(旋流器空气量 + 喷嘴空气量) + $K_1$·主燃孔进气量 + $K_2$·冷却空气量

上式的关键是要确定 $K_1$ 和 $K_2$，两者间存在一定的依赖关系。如果主燃孔空气回流比（主燃孔流至主燃区的空气量占主燃孔总气量的比例）越大，冷却空气卷入主燃区的也越多。$K_1$ 和 $K_2$ 与环腔内的速度、小孔射流和旋流器进气有关。对于环形燃烧室，$K_1$ 一般在 0.4 左右；对于环管燃烧室，$K_1$ 一般在 0.5 左右。$K_2$ 的选取需要更多的经验。

### 2. 中间区

中间区又称为补燃区。从主燃区出来的燃气中一般含有 CO、$H_2$、UHC 和离解产物等，为了促进氧化和离解产物的复合，提高燃烧效率，通常在主燃区后设置中间区，其主要功能是提供新鲜空气与燃气混合后进一步燃烧和合成离解产物。

在这一过程中，中间区的平均温度是关键参数。如果温度太低，氧化和合成速度太慢而无法及时在中间区内完成；反之，如果温度太高，一些离解产物无法重新合成。此时就需要严格控制进入中间区的新鲜空气量。一般，航空发动机燃烧室中间区出口处的平均余气系数 $\alpha$ 控制在 1.5~1.8 之间，温度控制在 1 800 K 左右。

在现代高温升短环燃烧室设计中，由于可用空气量减少及燃烧室长度缩短，通常会去掉中间孔，其功能由主燃孔和掺混孔共同承担。

### 3. 掺混区

由于受限于涡轮叶片的耐温能力，燃烧室出口温度不能太高，而且还需要满足一定的温度分布，因而在火焰筒中需要安排一个专门的区域来调控出口温度的大小和分布，掺混区即由此而来。

特别是近些年来，随着燃烧室温升的提高，出口温度场的控制更是成为了一个非常关键的技术难点。图 4-20 所示说明随着进口温度、燃烧室温升的提高和燃烧室总气油比的减小，掺混区可以得到的掺混和冷却气量减小。而从需要上看，燃烧室进口温度和温升越高，燃烧室的出口温度就越高，所需的掺混气和冷却气就越多，这与图 4-20 正好相反，为此必须精心设计

掺混区的流态以满足出口温度场的要求。

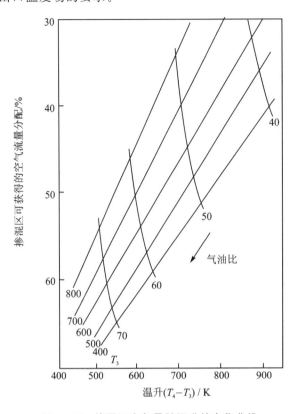

图 4-20 掺混区空气量随温升的变化曲线

掺混气流从掺混孔进入，与从主燃区过来的高温气流混合，调节燃烧室出口温度的大小和分布，因而掺混区的流态与掺混孔射流的状态及燃气的特点密切相关，呈现的是多孔射流流动和冷热气流掺混的流动结构。

掺混孔的数目和尺寸是影响掺混气流分布的重要因素。当掺混气量确定时，掺混孔数目越多，对应的孔径越小，分布越密，这可以使掺混气在掺混区内分布均匀，但同时由于每个掺混孔的孔径变小、进气量减少，可能导致穿透深度不足从而形成中心处的高温热点；反之，若掺混孔数目少、孔径变大，会使掺混孔分布过稀，掺混气分布不均，也会导致穿透深度过大形成局部温度过低。

图 4-21、图 4-22 分别是研究人员得到的单管燃烧室和环形燃烧室中不同温升时最佳掺混孔数目、孔径和掺混气量之间的关系。图中横坐标是掺混气与高温燃气的比值，纵坐标是最佳的掺混孔结构参数，$D_L$ 是火焰筒直径或高度，$n$ 是掺混孔数目，$d_j$ 是掺混孔直径，$D_i$ 是火焰筒内壁面的直径，$T_g$ 是燃气温度，$T_3$ 是燃烧室进口温度。

单管燃烧室和环形燃烧室的变化规律类似。以单管燃烧室为例，随着掺混气量的增多，$D_L/nd_j$ 变小，$nd_j$ 相应变大，即在同样孔数下，掺混孔径变大，或孔径不变，孔数将变多，这可以使掺混气量变大时，每一个掺混孔的掺混气速度和穿透深度变化不大，使冷热气流掺混均匀。在同样掺混气量下，随着燃气温度（$T_g/T_3$）的提高，最佳的 $D_L/nd_j$ 变大，$nd_j$ 相应变小，这有助于提高掺混射流的速度，加强冷热气流的混合。

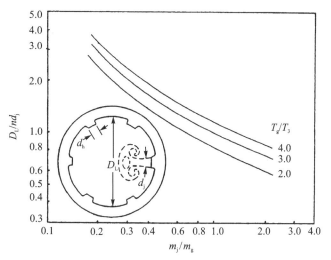

图 4-21 单管燃烧室最佳掺混孔参数

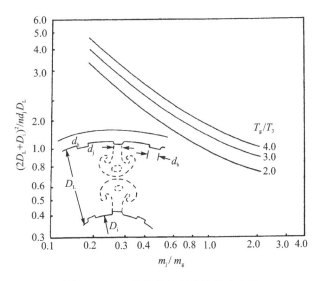

图 4-22 环形燃烧室最佳掺混孔参数

# 思考题

1. 燃烧室流动性能的主要参数包括什么？
2. 简述内外环道内流场特点及改变沿程静压大小的思路。
3. 简述小孔射流流场的基本形态和主要特点。
4. 简述提高小孔流量系数的方法。
5. 简述改善射流穿透深度和射流混合质量的方法。
6. 简述旋流器的流场特点及主要功能。
7. 简述改变旋流器旋流数的基本思路。
8. 简述火焰筒功能区设置的原因及各功能区流场的基本流态。

# 第 5 章　燃油雾化和喷嘴

随着航空动力技术的不断发展,对燃烧室结构和工作性能的要求也越来越高,燃油在燃烧室内驻留的时间越来越短。为了保证燃烧室的工作性能满足动力装置的需求,燃油必须在较短、有限的时间内燃烧完全,并最大限度地释放能量。可燃混气的形成是航空燃气轮机燃烧室的关键技术,也是技术难题之一。

可燃混气的形成过程主要包括燃油雾化、蒸发和掺混三个物理过程,三者密切相关。燃油喷射雾化是蒸发的前提条件,是可燃混气形成的关键。

液体燃料的雾化和蒸发是航空燃气轮机燃烧室工作中至关重要的一个过程。雾化过程指的是液态燃料碎裂成细小油珠群的过程,主要包括以下四个阶段:

① 从喷嘴流出形成液柱或液膜;
② 通过自身初始湍流和周围气体对射流的作用,促使液体表面产生波动、皱褶,最终分离出液体碎片或细丝;
③ 在表面张力作用下,液体碎片或细丝收缩成球形油滴;
④ 在气动力作用下,大油珠进一步碎裂。

液态燃料通过雾化,总表面积增加,燃油更容易蒸发,使所需混气的形成分布时间和距离变短,燃烧过程加快,燃烧性能提高。比如,直径为 1 mm 的煤油油滴,在空气中约 1 s 才能烧完;当液滴直径减小到 0.1 mm 时,则需要 0.01 s 烧完;进一步减小到 0.05 mm 时,只需 0.002 5 s 就可烧完。

航空发动机燃烧室采用燃油喷嘴实现燃油雾化并把燃油送到合适的区域。根据雾化原理的不同,喷嘴通常分为以下几类:

① 主要依靠供油压力雾化的压力型喷嘴,包括直射式喷嘴、离心式喷嘴、回流式喷嘴等;
② 主要依靠气动力雾化的喷嘴,包括气动喷嘴和气动辅助雾化喷嘴等;
③ 主要依靠机械装置旋转促使雾化的喷嘴,包括甩油盘式喷嘴和旋转杯式喷嘴等;
④ 在喷嘴内直接产生燃油蒸气的蒸发管式喷嘴和为满足特殊需要的一些组合式喷嘴等。

目前在航空发动机上广泛使用的主要是离心式喷嘴和气动雾化喷嘴,对它们的研究和应用较为成熟,也能够满足燃烧室的性能要求。

## 5.1　燃　　油

在航空燃气轮机中使用的燃料是从石油提炼获得的不同烃类混合物,主要由碳和氢两种元素组成,其特性取决于组成燃油的各种烃类的性质。航空发动机燃油通常分为大致在 40~180 ℃范围内挥发的航空汽油及在 120~320 ℃范围内挥发的航空煤油。

(1) 密度和相对密度

密度是液态燃料在温度为 $t$(℃)时单位体积的质量,单位为 $kg/m^3$,通常以 $\rho$ 表示。相对密度是烃类燃料的一个非常重要的物理性参数,定义其在 20 ℃时的密度与纯水在 4 ℃时的密度(纯水 4 ℃时的密度为 $1\times10^3$ $kg/m^3$)的比值为标准相对密度,用符号 $\rho_4^{20}$ 表示,是无量纲量。

燃料的相对密度与温度有关，不同温度下测定的相对密度值换算为 20 ℃时的相对密度值公式为

$$\rho_4^{20} = \rho_4^t + \beta(t-20) \tag{5-1}$$

式中，$\beta$ 为温度修正系数，单位为 1/℃。

已知燃料的相对密度，则可以根据经验公式计算其总发热量（单位为 kcal/kg），即

$$Q = 12\,400 - 2\,100\rho^2 \tag{5-2}$$

（2）黏　度

燃料的黏度是衡量燃料流动阻力的一项指标，黏度越小，流动性能越好。黏度会影响燃料的输运、油泵寿命、喷嘴雾化、低温点火等。黏度越大，喷嘴雾化质量越差。

表示黏度的参数包括：动力黏度 $\mu$（或绝对黏度）、运动黏度 $v$ 和恩氏黏度。

燃料的黏度与温度有关，随着温度升高而降低。燃料的黏度还与燃料的组分和压力有关，且随着燃料沸点范围的提高以及其中所含烃的分子量的增大而增高。

较低燃油压力（1~2 MPa）对黏度的影响可以忽略，但在压力较高时，黏度随着压力升高而变大。

（3）表面张力系数

液态燃料的表面张力系数也是影响液态燃料雾化质量的主要因素。液态燃料的雾化质量与表面张力系数近似成反比，表面张力系数随着温度的提高而降低。

（4）馏程和沸点

馏程是表示液态燃料蒸发性能的指标，它表示为燃料蒸发出不同百分数时所需的温度。汽油和煤油的馏程范围大概分别为 313~453 K 和 423~553 K。

液态燃料通常是复杂的混合物，不存在单一沸点，常用馏程范围的初始和终止温度的平均值来表征燃料沸点。液态燃料的初沸点越高，启动点火越困难；终沸点越低，越容易汽化，有利于燃烧。

（5）饱和蒸气压力

当燃料表面保持气液两相平衡时，饱和蒸气产生的分压力称为饱和蒸气压力。饱和蒸气压力随着燃料温度升高而增加，饱和蒸气压力越高其蒸发性能越好，燃料越容易汽化。

（6）闪点与燃点

液态燃料加热到适当温度后，其中分子量最小、沸点最低的组分会蒸发汽化。若有火源接近，燃料蒸气就会着火燃烧，出现瞬间即灭的蓝色闪光，液态燃料此时的温度称为闪点。闪点越高，着火越困难。燃料的沸点越高，闪点越高；压力越高，闪点也越高。汽油和煤油的闪点分别小于 253~303 K（闭口）和大于 293~303 K（闭口）。

燃点指燃油加热到一定温度后，油气遇到明火能着火并持续燃烧（不少于 5 s）的最低温度。燃点一般高出闪点 283~303 K。

（7）爆炸浓度极限

当液态燃料蒸气在空气中达到一定浓度时，会与空气形成爆炸性混合气；当混合气的浓度（燃料和空气的体积比）处于爆炸上限与下限之间时，将会引起爆炸。汽油的爆炸极限为 1%~6.96%，煤油的爆炸极限为 1.4%~7.5%。

## 5.2 燃油雾化基本理论

无论何种雾化方式(液压、气动或机械),都是使燃油形成良好的薄膜或射流,然后通过增强液流与气流的相对运动使薄膜或射流产生不稳定,导致其破碎雾化形成液滴群,最后以某种规定的形态和方向供入燃烧区进行燃烧。燃油雾化是受到多种因素影响的复杂的综合过程,如供油压力、喷嘴的形式和尺寸、燃油物理和化学性质、气流速度、环境压力和温度等。

**1. 液滴破碎理论**

液体燃料的雾化过程一般是在喷嘴内先形成液膜或液柱,油膜或液柱在喷嘴出口后破裂成丝,然后成滴;在气流作用很大的条件下,也可直接从膜撕裂成滴,然后在外界气动力等的作用下,进一步破碎成小液滴。不管采用哪种雾化方式,其雾化过程都是气动力、惯性力、表面张力和黏性力这四种力相互作用的结果。

下面对处于流动场当中的液滴的雾化过程进行分析,为了便于讨论,不考虑流体和液滴的黏性,则此时液滴主要受到气动力和表面张力的作用,如图 5-1 所示,前者使其变形破裂,而后者正好相反,使其保持液珠的完整性。液珠是否变形破裂取决于这两个力的大小。

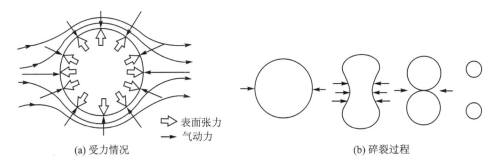

图 5-1 油珠在气流中受力及碎裂过程

表面张力所产生的内压力(内聚力)为 $\delta = \dfrac{4\sigma_f}{d_0}$,气动力为 $q = \dfrac{\rho_a v_r^2}{2}$。

显然,$q = \delta$ 是液珠变形破裂的临界状态,即

$$\frac{4\sigma_f}{d_0} = \frac{\rho_a v_r^2}{2}$$

$$\frac{\rho_a v_r^2 d_0}{\sigma_f} = 8$$

通常情况下 $q \neq \delta$,令

$$\frac{\rho_a v_r^2 d_0}{\sigma_f} = D \tag{5-3}$$

式中,$D$ 称为韦伯(Weber)准则数,也记为 $We = \dfrac{\rho_a v_r^2 d_0}{\sigma_f}$,表示作用于液珠的气动力与表面张力之比,其中 $v_r$ 为气流与液珠的相对速度,$\rho_a$ 为气体密度,$\sigma_f$ 为燃油表面张力系数,$d_0$ 为液珠直径。

1948年,沃伦斯基用水、水银及酒精作为介质,并用直径为 1.5～2 mm 的较大液珠做试验,发现当 8<D<10.7 时,液珠只发生变形而不破裂;当 10.7<D<14 时,液珠开始破裂,分别碎裂成 3,4,5 个小珠;在 $D \geqslant 14$ 后,液珠碎裂成细小的油雾珠。$D$ 值愈大,液珠平均直径愈小,雾化得愈细。

在研究液膜破碎时,除韦伯数外,还会涉及其他一些准则数。

① 雷诺准则 $Re = \dfrac{vd_0}{\nu_f}$,表示惯性力与黏性力之比。

② 拉普拉斯准则 $Lp = \dfrac{\delta d_0}{\nu_f^2 \rho_f}$,表示表面张力与黏性力之比。

③ 气、液之间的惯性力之比及黏性力之比:

$$M = \frac{\rho_g}{\rho_f}, \quad N = \frac{\nu_g}{\nu_f}$$

**2. 液滴平均直径**

液滴平均直径用来表征液雾粒子群的细度,是表征一个集群的平均量。所谓平均直径,是指在保持原来液雾某个特征量不变的前提下,采用假想的均一尺寸的液滴来代替原来液滴时的直径。根据保持的特征量不同,所定义的平均直径也不相同。

① 假设两种液滴群的油滴数相同,均为 $N_0$,采用算术平均求其平均直径

$$\overline{d_1} = \frac{\sum d_i}{N_0} \tag{5-4}$$

式中,$d_i$ 为实际液滴直径。这种平均直径 $\overline{d_1}$ 的实际意义不大,故较少采用。

② 假设两种液滴群的油滴数相同,均为 $N_0$,按照保持液滴总表面积不变的原则求其平均直径

$$\overline{d_2} = \sqrt{\frac{\sum d_i^2}{N_0}} \tag{5-5}$$

由于蒸发与液珠表面积直接相关,因此该平均粒径对液滴的蒸发是有意义的。

③ 假设两种液滴群的油滴数相同,均为 $N_0$,按照保持液滴总体积不变的原则求其平均直径

$$\overline{d_3} = \sqrt[3]{\frac{\sum d_i^3}{N_0}} \tag{5-6}$$

④ 质量中间直径(简称 MMD),指在这直径之上或之下液滴群质量各占 50%,它可以从液珠累积分布曲线上直接求得。质量中间直径简称中间直径,通常采用 $D_{50}$ 来表示。

⑤ 索太尔平均直径(Sauter Mean Diameter,SMD):液滴群总的体积和总的表面积之比与真实的相同。通常采用 $D_{32}$ 来表示($D$ 表示直径,下角中 3 表示体积的次方,2 表示面积的次方)。根据定义,有

$$\frac{S_s}{V_s} = \frac{S}{V}$$

$$\frac{n_s \pi d_s^2}{n_s \dfrac{\pi}{6} d_s^3} = \frac{\pi \sum d_i^2}{\dfrac{\pi}{6} \sum d_i^3}$$

$$d_s = \frac{\sum d_i^3}{\sum d_i^2} \tag{5-7}$$

SMD 大致反映了真实液滴群的蒸发和燃烧条件,对两相燃烧具有重要意义。

对同一组液滴群,以上 5 种液滴平均直径的数值不同。例如,一组不同液滴平均直径的计算结果为:$\overline{d_1}=40~\mu m$,$\overline{d_2}=46.9~\mu m$,$\overline{d_3}=52.5~\mu m$,$MMD=70.5~\mu m$,$SMD=78.6~\mu m$。

**3. 液滴尺寸分布**

液滴从喷嘴喷射出来时的大小是不均等的,液滴尺寸分布是用来表征液滴群中每种尺寸的液滴所占的比例,液滴尺寸分布通常采用以下 4 种形式表达。

① 数量积分分布:表示大于(或小于)给定直径 $d_i$ 的液滴数 $N$ 占液滴总数 $N_0$ 的百分比,用 $N/N_0$ 来表示。

② 质量积分分布:表示大于(或小于)给定直径 $d_i$ 的液滴质量 $W$(或体积 $V$)占液滴总质量 $W_0$(或总体积 $V_0$)的百分比,用 $W/W_0$(或 $V/V_0$)表示。

③ 液滴数量的微分分布:表示直径 $\left(d_i - \dfrac{dd_i}{2}\right) < d_i < \left(d_i + \dfrac{dd_i}{2}\right)$ 范围内,液滴数量的增量 $dN$ 占总液滴 $N_0$ 的百分比,用 $\dfrac{dN}{N_0 dd_i}$ 表示。

④ 液滴质量的微分分布:表示在直径 $\left(d_i - \dfrac{dd_i}{2}\right) < d_i < \left(d_i + \dfrac{dd_i}{2}\right)$ 范围内,液滴重量或体积的增量 $dW$(或 $dV$)占液滴总质量 $W_0$(或总体积 $V_0$)的百分比,用 $\dfrac{dW}{W_0 dd_i}$(或 $\dfrac{dV}{V_0 dd_i}$)表示。

在理论上还很难找到这些分布的具体形式,只能依靠实验建立经验公式。根据大量实验结果,其数量微分分布可用如下公式表示:

$$\frac{dN}{dd_i} = a d_i^m e^{-b d_i^n} \tag{5-8}$$

式中,$dN$ 是 $\left(d_i - \dfrac{dd_i}{2}\right) < d_i < \left(d_i + \dfrac{dd_i}{2}\right)$ 之间的液滴数目。$a,b,m,n$ 都是常数,由实验确定。

(1) $R-R$ 分布

$R-R$ 分布是一种累积分布,即液滴尺寸小于 $d_i$ 的累积液滴质量(或体积)占液滴总质量(或总体积)的百分数,

$$R = \frac{V}{V_0} = \frac{W}{W_0} = 1 - e^{-\left(\frac{d_i}{\bar{d}}\right)^n} \tag{5-9}$$

式中,$d_i$ 为液滴直径;$\bar{d}$ 为质量(或体积)分布中 $(1-R)=\dfrac{1}{e}$ 所对应的液滴直径;$n$ 为均匀度指

数,$n$ 越大表示液滴直径越均匀;$\bar{d}$ 和 $n$ 均可由实验数据计算求得。

(2) N-T 分布

N-T 分布的全称为 Nukiyama-Tanasawa 分布。Nukiyama 和 Tanasawa 在直流喷嘴气动雾化实验中发现,如果取式(5-8)中 $m=2$,可获得比较好的结果,则其数量微分分布变为

$$\frac{\mathrm{d}N}{\mathrm{d}d_\mathrm{i}} = ad_\mathrm{i}^2 \mathrm{e}^{-bd_\mathrm{i}^n} \tag{5-10}$$

(3) 对数正态分布

$$\frac{\mathrm{d}R}{\mathrm{d}y} = \frac{\delta}{\sqrt{\pi}} \mathrm{e}^{-(\delta y)^2} \tag{5-11}$$

式中,$y = \ln\dfrac{d_\mathrm{i}}{d_m}$;$\delta$ 是常数,可由实验数据计算求得。将式(5-11)积分,可得如下积分分布:

$$R = \frac{1}{2}\left[1 + \frac{2}{\sqrt{\pi}}\int_0^{\delta y} \mathrm{e}^{-x^2}\mathrm{d}x\right] \frac{\mathrm{d}R}{\mathrm{d}y} = \frac{\delta}{\sqrt{\pi}}\mathrm{e}^{-(\delta y)^2} \tag{5-12}$$

对数正态分布表达式从理论上讲是合理的,但在使用中较前两种表达式更复杂。

## 5.3 喷 嘴

航空发动机燃烧室中有各种各样的喷嘴,其中直射式喷嘴、离心式喷嘴和气动雾化喷嘴是最常见的三类。

### 5.3.1 直射式喷嘴

直射式喷嘴(也称射流喷嘴,Jet Atomizer)是指液体燃料在压力作用下直接经过一个或若干小孔射出的雾化装置。燃油在压力作用下通过喷嘴的喷射过程来进行雾化。高压燃油的压力能在喷出时转变为动能,高速喷射到气流中,油滴在气动力作用下雾化。

如图 5-2 所示,直射喷嘴结构十分简单,在封闭的圆管端头开一小孔,或在圆柱壁上开若干小孔插入燃烧室内,常称为喷油杆。也有的将圆管弯成圆圈,按一定的分布规律开多个小孔,称为喷油环。直射式喷嘴常用于加力燃烧室中,布置二圈或三圈喷油环。为满足浓度分布,喷油环上常开有几百个小孔,孔径一般小于 1 mm。

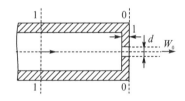

**图 5-2 直射式喷嘴**

直射式喷嘴依靠高压燃油的压力在喷出时转变为动能,高速喷到气流中,燃油喷射时无旋转运动,因此燃油基本充满孔口。相对气流来说,喷射方向分顺喷、逆喷或与气流方向成一定角度的侧喷。由于燃油的紊流脉动和相对气流速度的运动,直射式喷嘴所产生的雾化射流束相当窄——射流锥角通常小于 15°~20°。

参考图 5-2,在 1—1 和 0—0 两截面间写出伯努利方程如下:

$$p_\mathrm{f} + \frac{\rho_\mathrm{f} u_1^2}{2} = p_0 + \frac{\rho_\mathrm{f} u_0^2}{2} \tag{5-13}$$

一般 $u_1 \ll u_0$,故

$$u_0 = \sqrt{\frac{2(p_f - p_0)}{\rho_f}} \tag{5-14}$$

考虑到燃油的黏性及流动损失等,存在速度系数 $\varphi$(一般为 0.92~0.98)

$$u_0 = \varphi\sqrt{\frac{2\Delta p_f}{\rho_f}} \tag{5-15}$$

故喷嘴燃油流量

$$m_f = \mu' \rho_f F_c u_0 = \mu' \varphi F_c \sqrt{2\rho_f \Delta p_f} = \mu F_c \sqrt{2\Delta p_f \rho_f} \tag{5-16}$$

式中,$m_f$ 为燃油质量流量;$F_c$ 为喷油小孔面积;$\rho_f$ 为燃油密度;$\mu'$ 为孔口流束收缩引起的流量损失系数。$\mu = \mu'\varphi$ 为流量系数,且 $\mu$ 与喷口的长径比 $l/d$ 有关,当 $l/d = 0.5 \sim 1$ 时,$\mu = 0.6 \sim 0.65$;当 $l/d = 2 \sim 3$ 时,$\mu = 0.75 \sim 0.85$。

从式(5-16)可知,$m_f$ 与 $\Delta p_f$ 呈二次曲线关系,即 $m_f^2 \propto \Delta p_f$,如图 5-3 所示。

直射式喷嘴结构简单,除加力和冲压燃烧室外很少应用于其他燃烧器。主要原因如下:

① 雾化性能比其他类型的喷嘴差,这是由于燃油离开喷口后仍然密集在一起,以实心的液柱与周围介质相互作用,雾化效果差。直射式喷嘴只有在孔径较小和油气相对速度较大时,雾化性能才比较好。

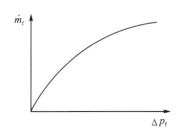

图 5-3 $m_f$ 与 $\Delta p_f$ 的二次曲线关系

② 工作范围较窄。

### 5.3.2 离心式喷嘴

离心式喷嘴(Pressure-Swirl Atomizer)中燃油在油压作用下通过喷嘴内的旋流孔或旋流槽,在喷嘴内产生旋转,以旋转液膜的形式喷出喷口,液膜在离心力作用下在喷口处形成空心锥,并与空气相互作用产生微小的油珠。

图 5-4 所示为简单离心式喷嘴。燃油从喷嘴旋流室顶部的切向小孔(图 5-4 中只画了一个,实际为两个以上),以 $w_1$ 速度切向流入,燃油在旋流室中螺旋前进,切向速度和轴向速度分别为 $w_u$ 和 $w_a$,在旋转运动离心力的作用下,燃油在喷口处旋转着、呈环状膜喷出,在出口处切向速度和轴向速度的共同作用下,油膜呈圆锥形。油束离开喷口时,因不再受喷口壁的限制,与轴线成一扭角射向空间。这些连续的油束在喷口外形成空心双曲面,如图 5-5 所示。

**1. 简单离心式喷嘴工作原理**

离心式喷嘴原理最早由前苏联学者阿勃拉莫维奇于 1944 年提出,他在推导过程中作了如下假设:

① 认为流体是无黏性的理想流体;
② 忽略流体的径向速度;
③ 喷嘴在最大流量下工作。

取燃油进口和出口两个截面,并假定燃油质量全部集中在孔的中心线上,按动量矩守恒定律,进口时的动量矩等于喷嘴出口时的动量矩,即

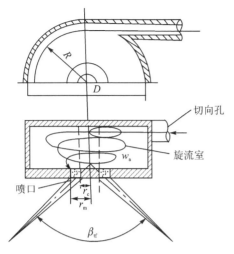

图 5-4 简单离心式喷嘴

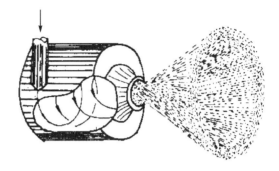

图 5-5 离心喷嘴油束运动

$$m_f w_1 R = m_f w_u r = \text{const}$$
$$w_1 R = w_u r = \text{const} \tag{5-17}$$

式中，$m_f$ 为燃油质量流量；$w_u$ 为喷嘴出口处燃油切向速度；$w_1$ 为喷嘴进口速度；$r$ 为喷嘴出口处的半径；$R$ 为切向孔中心线距喷嘴轴线距离。

在进出口两截面间列伯努利方程可得

$$\frac{p}{\rho_f} + \frac{w_a^2}{2} + \frac{w_u^2}{2} = H = \text{const} \tag{5-18}$$

式中，$H$ 为燃油总压头，$H = \dfrac{p_f}{\rho_f}$，若不考虑损失，$H$ 在流动过程中不变；$p$ 为静压；$w_a$ 为喷口处燃油轴向速度。

从式(5-17)可知，由于 $w_u r$ 为固定值，因而当 $r$ 变小时，$w_u$ 变大。又由式(5-18)可知，当 $w_u$ 变大时，$p$ 变小，即：当 $r \to 0$ 时，$w_u \to \infty$，$p \to -\infty$。

这显然是不可能的。实际上由于喷嘴出口与外界大气相通，压力 $p$ 下降到等于外界压力后将不再下降。因而当静压 $p$ 等于外界大气压力时，将得到最小的旋流半径 $r > 0$，即喷嘴中心部分是一个无油区，被空气充满，即空心涡(亦称空气核)，燃油呈环状流束向外喷出。

空气核从旋流室的顶端中心处延续到喷嘴出口，设空心涡的半径为 $r_m$，也是环形油束的内径，环形油束在喷口截面处紧贴喷嘴口内表面，其外径为 $r_c$。由于喷口截面积 $F_c$ 并不都充满油，因而喷嘴有效面积 $F$ 应为 $F_c$ 减掉空心涡所占的面积 $F_m$，即

$$F = F_c - F_m = \pi(r_c^2 - r_m^2) \tag{5-19}$$

定义 $\varepsilon$ 为有效截面系数：

$$\varepsilon = \frac{F}{F_c} = \frac{\pi(r_c^2 - r_m^2)}{\pi r_c^2} = 1 - \left(\frac{r_m}{r_c}\right)^2 \tag{5-20}$$

$$r_m = r_c \sqrt{1-\varepsilon} \tag{5-21}$$

在喷嘴出口取一环形微元体(见图 5-6)，取微元体厚度为 1，则此微元体质量为

$$dm_f = 2\pi r\, dr \times 1 \times \rho_f$$

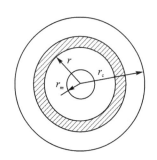

图 5-6 环形微元体

该微元体做旋转运动时的离心力为 $\mathrm{d}m_f \dfrac{w_u^2}{r}$

该离心力与此微元体在半径方向压差平衡,即

$$2\pi r \mathrm{d}p = \mathrm{d}m_f \dfrac{w_u^2}{r} = 2\pi r \mathrm{d}r \rho_f \dfrac{w_u^2}{r}$$

$$\mathrm{d}p = \rho_f w_u^2 \dfrac{\mathrm{d}r}{r} \tag{5-22}$$

对式(5-17)的 $w_u$ 与 $r$ 微分,得

$$\dfrac{\mathrm{d}r}{r} + \dfrac{\mathrm{d}w_u}{w_u} = 0$$

代入式(5-22),可得

$$\mathrm{d}p = -\rho_f w_u \mathrm{d}w_u$$

对上式积分,得

$$\dfrac{p}{\rho_f} + \dfrac{w_u^2}{2} = \mathrm{const} \tag{5-23}$$

用式(5-18)减式(5-23),可得

$$w_a = \mathrm{const}$$

上式说明喷嘴出口处的不同半径上所有的燃油质点都具有相同的轴向速度。

根据式(5-18),利用空心涡与环状油流内表面的共同边界条件可求出轴向速度。

$$\dfrac{p_0}{\rho_f} + \dfrac{w_a^2}{2} + \dfrac{w_{um}^2}{2} = H = \dfrac{p_f}{\rho_f} \tag{5-18a}$$

改写为 $\dfrac{w_a^2}{2} + \dfrac{w_{um}^2}{2} = \dfrac{p_f - p_0}{\rho_f} = \dfrac{\Delta p_f}{\rho_f}$,即

$$w_a^2 + w_{um}^2 = 2\dfrac{\Delta p_f}{\rho_f} \tag{5-18b}$$

式中,$w_{um}$ 为在 $r_m$ 处的切向速度,此时切向速度最大;$\Delta p_f$ 为供油压差,$\Delta p_f = p_f - p_0$。

喷口处燃油流量:

$$m_f = \rho_f w_a \varepsilon F_c = \rho_f w_a \varepsilon \pi r_c^2 \tag{5-24}$$

喷嘴切向孔进入的流量:

$$m_f = \rho_f w_1 F_1 = \rho_f w_1 n \pi r_1^2 \tag{5-25}$$

式中,$F_1$ 为进油切向孔总面积;$n$ 为切向孔数。

根据连续方程式(5-24)与式(5-25)相等,有

$$m_f = \rho_f w_a \varepsilon \pi r_c^2 = \rho_f w_1 n \pi r_1^2$$

即

$$w_a \varepsilon r_c^2 = w_1 n r_1^2$$

$$w_1 = w_a \varepsilon \dfrac{r_c^2}{n r_1^2} \tag{5-26}$$

利用式(5-17)有

$$w_{um} r_m = w_1 R$$

$$w_{um} = w_1 \dfrac{R}{r_m} \tag{5-27}$$

再代入式(5-21)得

$$w_{um} = w_1 \frac{1}{\sqrt{1-\varepsilon}} \frac{R}{r_c} \tag{5-28}$$

将式(5-26)代入上式得

$$w_{um} = w_a \frac{\varepsilon}{\sqrt{1-\varepsilon}} \frac{Rr_c}{nr_1^2} \tag{5-29}$$

令 $A = \frac{Rr_c}{nr_1^2}$ 为喷嘴几何特征参数，若为非圆切向孔则为 $A = \frac{\pi Rr_c}{F}$，将式(5-29)及 $A$ 代入式(5-18b)可得轴向速度 $w_a$：

$$w_a = \frac{1}{\sqrt{1+\frac{\varepsilon^2}{1-\varepsilon}A^2}} \sqrt{2\frac{\Delta p_f}{\rho_f}} \tag{5-30}$$

令 $\varphi = \frac{1}{\sqrt{1+\frac{\varepsilon^2}{1-\varepsilon}A^2}}$，称 $\varphi$ 为轴向速度系数，则

$$w_a = \varphi \sqrt{2\frac{\Delta p_f}{\rho_f}} \tag{5-30a}$$

在求出 $w_a$ 后，据式(5-24)即可求出喷嘴流量 $m_f$，公式如下：

$$m_f = \rho_f w_a \varepsilon F_c = \varepsilon \varphi F_c \sqrt{2\rho_f \Delta p_f} = \mu F_c \sqrt{2\rho_f \Delta p_f} \tag{5-24a}$$

式中，$\mu = \varepsilon \varphi$ 为流量系数。

根据 $\varphi$ 的定义，$\mu$ 可改写为

$$\mu = \frac{1}{\sqrt{\frac{A^2}{1-\varepsilon}+\frac{1}{\varepsilon^2}}} \tag{5-31}$$

由上式可知流量系数 $\mu$ 是喷嘴几何特征参数 $A$ 和喷口有效截面系数 $\varepsilon$ 的函数。

只有式(5-24a)和式(5-31)，还不能进行流量计算。因为 $A$ 虽为已知的几何参数，但 $\varepsilon$ 未知，必须找出 $A$ 与 $\varepsilon$ 的关系。

从前述分析可知，$r_m$ 过大或过小均不能获得大的流量系数。若 $r_m$ 过大，则有效截面积 $F$ 减小，流量下降。若 $r_m$ 过小，则燃油压力可过多地用于增大切向分速度，从而使轴向速度减小，流量减小。

为了求得 $\varepsilon$，阿勃拉莫维奇认为离心式喷嘴是在 $\mu$ 值最大的条件下工作的，即最大流量原理，此时 $d\mu/d\varepsilon = 0$，得

$$A = \frac{1-\varepsilon}{\sqrt{\frac{\varepsilon^3}{2}}} \tag{5-32}$$

将 $A$ 值结果代入式(5-31)可得

$$\mu = \sqrt{\frac{\varepsilon^3}{2-\varepsilon}} = \varepsilon \sqrt{\frac{\varepsilon}{2-\varepsilon}} \tag{5-33}$$

相应的轴向速度系数为

$$\varphi = \frac{\mu}{\varepsilon} = \sqrt{\frac{\varepsilon}{2-\varepsilon}} \qquad (5-34)$$

当确定了 $A$ 值后,即可从式(5-32)中求出 $\varepsilon$,代入式(5-33)求出 $\mu$ 后即可算得流量。

下面讨论离心式喷嘴的喷雾锥角问题。

燃油从喷口喷出时,轴向速度在半径方向上不变,但切向速度随半径变化而变化,因此燃油从喷口喷出时因所处半径不同,张角 $\beta$ 各不相同。$r$ 愈小,$\beta$ 愈大,反之 $\beta$ 愈小。在离心式喷嘴中一般采用平均张角,即切向速度 $w_u$ 用平均切向速度 $\bar{w}_u$ 代替,这大体相当于 $\bar{r} = \frac{r_c + r_m}{2}$ 处的切向速度:

$$\tan\frac{\beta_m}{2} = \frac{\bar{w}_u}{w_a} \qquad (5-35)$$

由式(5-17)可得 $\bar{w}_u \bar{r} = w_1 R$,故

$$\bar{w}_u = \frac{w_1 R}{\bar{r}} = w_1 \frac{2R}{r_c + r_m} \qquad (5-36)$$

将式(5-26)中的 $w_1$、式(5-21)中的 $r_m$ 代入式(5-36),并应用式(5-32)可得

$$\bar{w}_u = w_a \varepsilon \frac{r_c^2}{n r_1^2} \frac{2R}{r_c + r_c\sqrt{1-\varepsilon}} = w_a \frac{R r_c}{n r_1^2} \frac{2\varepsilon}{1+\sqrt{1-\varepsilon}} = w_a A \frac{2\varepsilon}{1+\sqrt{1-\varepsilon}} =$$

$$w_a \frac{1-\varepsilon}{\sqrt{\frac{\varepsilon^3}{2}}} \frac{2\varepsilon}{1+\sqrt{1-\varepsilon}} = w_a \frac{\sqrt{8}(1-\varepsilon)}{\sqrt{\varepsilon}(1+\sqrt{1-\varepsilon})}$$

将上式代入式(5-35),即得

$$\beta_m = 2\arctan\frac{\sqrt{8}(1-\varepsilon)}{\sqrt{\varepsilon}(1+\sqrt{1-\varepsilon})} \qquad (5-37)$$

式(5-37)表明,喷雾锥角只与有效截面系数或几何特征参数有关。

阿勃拉莫维奇关于离心式喷嘴的理论比较明确、简单,计算起来也方便。但由于该理论未考虑液体黏性作用和喷嘴结构等的影响,故结果不够准确。对于黏性较大的油类,误差较大,故它只在黏性较小、径向速度不大时,其计算与实验结果才相符。后面有很多研究人员,包括前苏联的塔拉克瓦捷、吉洪诺夫、普拉霍夫以及我国学者范作民、傅维标等都在此基础上作了修正和补充。

**2. 双油路离心式喷嘴**

以上讲的是简单离心式喷嘴的原理。实际上对航空发动机而言,由于在高空巡航和低空高速飞行状态时其空气量和燃油量相差悬殊,这时仅靠简单喷嘴通过改变供油压力来改变供油量已不能满足要求。例如,发动机的最大和最小供油量往往相差 20 倍以上,根据 $\Delta p_f \propto m_f^2$,供油压差须相差 400 倍。为了保证喷油雾化质量,最低油压一般不小于 0.5 MPa,则最高油压将达 200 MPa。这么高的油压将带来供油系统更高的复杂性和危险性,很难为目前乃至将来的发动机供油系统所接受。因此,须设法采用别的措施满足要求。

从流量公式可知,流量不仅和供油压差的方根成比例,而且还和喷口面积 $F_c$ 成正比。为

了增加供油量,可以加大 $F_c$。

增大面积通常有以下两种办法:

① 增加喷头数,这在主燃烧室中几乎不可能;

② 在一个喷头上布置两个喷口,设计两股油路分别供油,称为主、副油路,这样的离心式喷嘴称为双油路离心式喷嘴。

典型的双油路离心式喷嘴如图 5-7 所示,其中(a)为双油路单喷口,(b)为双油路双喷口。双油路双喷口喷嘴可形成两层油膜,旋转方向相反,增加了相互间的扰动速度,可加快油膜破裂,改善雾化。

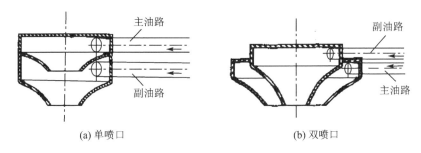

图 5-7 双油路离心式喷嘴

### 5.3.3 气动雾化喷嘴

不同于 5.3.1 和 5.3.2 小节提到的依靠供油压力进行雾化的直射式喷嘴和离心喷嘴,气动雾化喷嘴是一种借助气动力进行雾化的喷嘴。

目前气动雾化喷嘴主要以下两种类型:

① 射流式气动雾化喷嘴,其结构和工作原理如图 5-8 所示,燃油首先通过喷嘴(可以是直射,也可以是离心喷嘴)供入高速流场,在外界高速气流的作用下破碎成小液滴,并在此过程中与气流混合,形成油气混合气。高速气流可以是平直流(见图 5-8(a)),也可以是旋转气流(见图 5-8(b))。

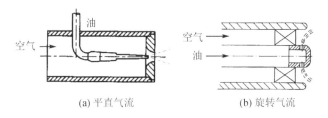

图 5-8 射流式气动雾化喷嘴

② 预膜式气动雾化喷嘴,如图 5-9 所示,这类喷嘴一般包含内外两级空气旋流通道,在两级之间布置了供油喷嘴,燃油通过狭缝供入,并在两级旋流通道间的环形壁面上展成油膜。燃油油膜首先在内级旋流气的带动作用下向下游流动,且一边流动一边破碎成小液滴;当燃油流到环形壁面出口处时,与外级旋流气接触,此时在内外两股旋流气流(旋转方向往往是相反的)剪切的作用下,油膜和油滴进一步破碎,形成粒径更小的液滴。同时在此过程中,燃油与气流进行充分混合。

无论是哪种类型的气动雾化喷嘴,对供油油压都没有特别的要求,只要能把燃油供入高速气流中即可,而燃油雾化性能(包括运动速度、位置、液滴破碎程度、粒径大小)主要与气液之间的速度差,以及由此造成的气动力有关。两类气动雾化喷嘴的主要差异是:射流式气动雾化喷嘴中,与流体相互作用的往往是大小不一的各种油滴;而预膜式气动雾化喷嘴一般是油膜,其均匀性更好,在内外两股气流的剪切作用下,粒径更小,分布更均匀,且与空气的混合也更好。航空发动机主燃烧室中一般采用预膜式气动雾化喷嘴。

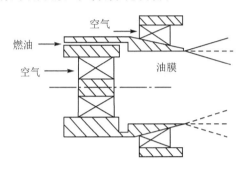

**图 5-9 预油膜式气动雾化喷嘴**

由上面两类气动雾化喷嘴的工作原理可知,流动参数是影响气动雾化喷嘴性能的主要因素,包括空气流速、气液比等。显然流速越高,气液比越大,作用于液滴的气动力就越大,雾化性能越好。而喷嘴的油压并不是主要的影响因素,从而极大降低了对油泵能力的要求。另外,气动雾化喷嘴需要把常规意义上的喷嘴和空气流道耦合在一起,两者缺一不可。

与离心喷嘴相比,气动雾化喷嘴具有其特点和优势主要表现在雾化粒径更均匀,油气混合质量更高,这对提高燃烧效率、降低冒烟、减少排放和改善出口温度场都是有利的,特别是高工况参数时更为突出。对于离心喷嘴而言,在大状态时,燃烧室空气流量大,进口压力高,气动力强,离心喷嘴的供油压力变大,雾化粒径变小,但是小粒径燃油的穿透能力弱,油雾分布面窄,燃油会被空气压在一个小区域,容易形成富油混合气,导致燃烧室冒烟,效率降低,并可能出现局部热点。但在小状态时却正好相反,由于燃烧室压力低,气动力小,气动雾化喷嘴的雾化性能明显变差,燃烧性能降低。而对于离心喷嘴而言,只要保证小状态时有足够高的油压差,即可获得较好的燃油雾化性能,从而保证低状态下的点/熄火性能和燃烧效率。由于气动雾化喷嘴形成的油气混合气相对均匀,不利于在宽油气比范围内得到较优的点/熄火性能。

为此目前航空发动机主燃烧室中,往往采用耦合离心喷嘴和气动雾化喷嘴一体的组合供油方式,如图 5-10 所示。主燃烧室由两级旋流通道、文氏管、套筒和主副油路构成。其中,副油路位于中心,为离心喷嘴;外围的主油路燃油打在文氏管上形成油膜,在内级旋流器空气的带动下向下游流动,到文氏管出口处与二级旋流器空气接触,然后在两级空气的剪切作用下进行雾化和油气混合,构成了典型的气动雾化喷嘴。在发动机小状态时,只有副油路的离心喷嘴供油,满足点/熄火的要求;大状态时,两个喷嘴同时供油,且主油路的燃油远多于副油路,此时油气混合气体现出的是气动雾化喷嘴的特征。上述供油方式保证了小状态良好的点/熄火性能和大状态的高燃烧效率。另外,从油雾分布看无论是离心喷嘴还是预膜式气动雾化喷嘴都呈现空心圆锥油雾分布形状。

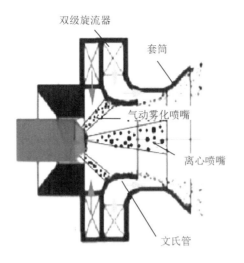

图 5-10 主燃烧室组合喷嘴供油方式

## 5.3.4 其他类型的喷嘴

**1. 蒸发管式喷嘴**

蒸发管式喷嘴早在三四十年前就已在航空发动机上应用,当时的目的是利用已燃气的热量加快蒸发和掺混过程,缩短混气形成的时间和长度。但受限于当时的技术,管中出现的积炭和管子过热烧蚀等问题一直未能解决,另外由于离心式喷嘴处于应用的高潮,客观上无太大取而代之的必要,因此未能发展起来。

而后随着发动机技术的发展,燃烧室进口压力和温度越来越高,对燃烧室性能也提出了更高的要求,离心式喷嘴越来越满足不了发展的要求。在这种情况下开始了气动喷嘴的应用研究和蒸发管式喷嘴的再研究。实践证明这些供油方式能较好地满足近代发动机的要求。

图 5-11 所示为某环形燃烧室所用的 T 形蒸发管式喷嘴。燃油通过直射式喷嘴供入蒸发管,有些发动机还预先对燃油进行加温(约达到 420 K),在燃油管的周围有来自压气机的高温空气(约 870 K)通入,初步使燃油蒸发并掺混。蒸发管内的余气系数很小($\alpha \approx 0.2 \sim 0.3$)。燃油之所以能在管中基本蒸发为气态,主要是蒸发管的底部位于火焰区,通过金属管壁传入大量的热,因此从蒸发管喷出的基本上是气态富油的混合气,然后经管外的气流吹向管后,再与主燃孔进来的空气形成 $\alpha \approx 1$ 的混气,因此很容易点燃。由于形成的混气基本上是气态,混气较为均匀,故不至于形成过分富油的区域。

蒸发管燃烧室燃烧效率较高,不冒烟,火焰呈蓝色,辐射少,出口温度场较均匀稳定,不随燃油量的多少而变化。

有的情况下燃油在蒸发管内未完全蒸发,仍有一小部分以油珠形式喷出,进入火焰区,这对燃烧效率有些影响,但同时可扩大稳定燃烧边界,故现在的蒸发管设计也不要求在管内全部蒸发。

蒸发管式喷嘴存在的问题主要是火焰稳定极限较窄,以及在高压下工作时,蒸发管壁有过热及烧蚀的危险。

## 2. 旋转喷嘴

旋转喷嘴(Rotary Atomizer)是由电机或涡轮带动机械旋转,将燃油从杯形(蝶形)或带孔盘型旋转装置中喷甩出去而雾化,通常机械旋转装置的转速很高,达每分钟几万转。

典型的甩油盘式喷嘴如图 5-12 所示。燃油经过发动机轴的中心流至安装在轴上的一个空心供油盘,供油盘圆周上开有若干小孔,燃油通过小孔甩入燃烧室。由于发动机转速很高,动能很大,燃油受到离心力的作用,雾化效果很好。

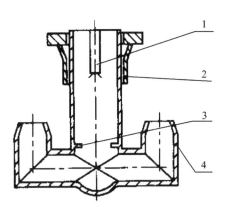

1—喷油嘴;2—冷却套;3—挡板;4—蒸发管式喷嘴出口

图 5-11 T 形蒸发管式喷嘴

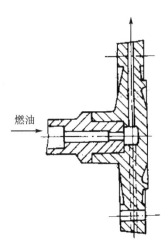

图 5-12 典型甩油盘式喷嘴

旋转喷嘴的雾化特性比较好,而且不需要高压供油系统。从燃烧室使用效果看,其燃烧效率较高,对高速旋转的轴有冷却作用,也使燃油得到预热,对雾化、蒸发以及组织燃烧都有利,多用于具有高旋转速度的小型航空发动机上。

表 5-1 所列为上述几大类喷嘴各自的技术特点比较。

表 5-1  主燃烧室各类喷嘴的技术特点比较

| 喷嘴类型 | 优　点 | 缺　点 |
| --- | --- | --- |
| 直射式喷嘴 | ①结构及工艺简单;<br>②布局容易;<br>③流动损失小;<br>④火焰稳定范围宽;<br>⑤油束穿透力强 | ①雾化质量差;<br>②单个喷嘴散播面窄;<br>③多个喷嘴(或多孔)供油量不易保证均匀;<br>④需要掺混段长;<br>⑤容易形成积油,引起爆燃 |
| 离心式喷嘴 | ①火焰稳定范围宽;<br>②燃油控制反应快;<br>③燃烧室调试时容易修正;<br>④机械刚固 | ①燃油分布随供油压力而变化,不易控制出口温度分布;<br>②燃烧室在高工压下工作时容易冒烟,热辐射量大;<br>③供油压力变化范围大;<br>④结构复杂,成本高;<br>⑤低油压时雾化质量差 |

续表 5-1

| 喷嘴类型 | 优　　点 | 缺　　点 |
|---|---|---|
| 蒸发管式喷嘴 | ①预混，不易积炭、冒烟；<br>②低的供油压力；<br>③燃油分布受气流控制，出口温度场较易调节；<br>④结构简单，成本低 | ①火焰稳定范围窄；<br>②需要辅助点火系统；<br>③燃油控制反应慢；<br>④设计和调试困难；<br>⑤工作于高温燃气包围之中，机械可靠性稍差 |
| 气动雾化喷嘴 | ①排气冒烟少；<br>②出口温度场分布易控制；<br>③不需要高的供油压力；<br>④机械刚固 | ①火焰稳定范围窄；<br>②雾化质量受气流速度影响显著，低速时，燃烧性能不佳 |

## 5.3.5 影响喷嘴雾化的主要因素

影响喷嘴雾化的主要因素来自两个方面，一个是燃油及空气参数，另一个是喷嘴的几何参数。

**1. 燃油及空气参数**

（1）供油压力和液体射流与空气相对速度

气动力对燃油的雾化起着重要的作用，气液相对速度愈大，气动力愈强，雾化愈细。相对速度取决于气流速度和燃油喷射速度，喷射速度又取决于供油压差 $\Delta p_f$。

由式(5-3)可以得到 $d_0 = \dfrac{We \cdot \sigma_f}{\rho_0 \nu_r^2}$，$d_0$ 与 $\nu_r^2$ 成反比，影响显著，因此在发动机带使旋流器与喷油锥的旋转方向相反，以增大相对气流速度，改善雾化性能。

在高空时，发动机因空气稀薄，故空气流量减小。为了保持余气系数 $\alpha$ 不变，势必要减小供油量。一般采用降低供油压差的办法，但由于 $\Delta p$ 下降，喷射速度降低，雾化变差，燃烧室工作性能恶化。

（2）空气压力

随着近代发动机增压比增加，燃烧室进口压力提高，空气密度增大，作用在燃油射流上的气动力增加，有利于雾化。实验证明，索太尔平均直径 SMD 与压力存在如下关系：

$$\text{SMD} \propto p_a^{-0.55}$$

当飞机在高空低速飞行时，空气压力 $p_a$ 下降，使得 SMD 增大。

（3）表面张力和黏性

燃油表面张力大表明为燃油分子内聚力强，不易破碎；而黏性大表明燃油内摩擦阻力大，燃油的扰动和变形都不易发展，并使燃油在离心式喷嘴内空心涡直径变小，油膜加厚，这些均使燃油不易破碎，从而使液珠变大，雾化质量恶化。

温度的增加使表面张力和黏性降低，可改善雾化(也改善蒸发)。

**2. 离心式喷嘴的几何参数**

喷嘴的结构参数对喷雾有重要影响，主要体现在几何特征参数 $A = \dfrac{R r_c}{n r_1^2}$ 上。

如果 $A$ 值增大，则 $R$、$r_c$ 增大，或 $r_1$ 减小；根据 5.3.2 小节中 $\varepsilon$ 和 $\mu$ 的定义以及结构参数对雾化锥角的影响分析可知，$\varepsilon$ 和 $\mu$ 会减小，而 $\beta$ 增大。由于 $r_1$ 减小，导致 $w_1$ 加速。$w_1$ 的加速及 $R$ 加大都使 $w_1 R$ 增大，动量矩增大，旋转运动加强，因此燃油射流在喷口处的切向速度 $w_u$ 增大，而 $w_a$ 下降，喷嘴流量 $m_f$ 也下降。此时空心涡加大，油膜变薄。由于扩张角 $\beta$ 加大，油膜迎风面积加大，雾化较好，分布范围也较广，形成可燃混气的距离短。但当 $w_u$ 和 $\beta$ 过大时，燃油容易碰壁，形成集油，对燃烧及火焰筒均不利。而且有时并不需要浓度场过于均匀，因为这样会减小火焰的稳定工作范围，而且在邻近火焰筒壁面处温度较高，若引起局部过热可使火焰筒烧穿或变形，从而使火焰筒寿命缩短。

喷孔长度 $l_c$ 与喷口直径 $r_c$ 的比值 $\dfrac{l_c}{r_c}$ 对 $\mu$ 和 $\beta$ 都有影响。由于燃油有黏性，与壁面有摩擦，当 $\dfrac{l_c}{r_c}$ 较大时，损失加大，$w_u$ 下降，使 $\beta$ 减小，同时也使 $\mu$ 下降。

喷嘴对加工质量的要求十分严格。单个喷嘴口的表面粗糙或结构不匀称、多个喷嘴的喷雾质量不一致等问题都将导致燃烧室和发动机工作恶化，甚至引发灾难性的后果。

## 思考题

1. 简述韦伯数是如何影响燃油破碎特性的并分析提高燃油雾化性能的方法。
2. 简述在燃烧领域中采用 SMD 表征燃油雾化平均粒径的原因。
3. 分析离心喷嘴流态、喷口出口速度、雾化锥角等的特点。
4. 分析气动雾化喷嘴与离心喷嘴的异同点。
5. 简述影响喷嘴性能的主要因素。

# 第6章 燃烧过程和燃烧室性能

燃烧室的作用是把压气机增压后的空气经过喷油燃烧提高温度,然后流向涡轮膨胀做功。航空燃气轮机燃烧室的工作条件十分恶劣,在这些条件下组织高效率的燃烧绝非易事,特别是当发动机工况改变时尤为突出,因此对燃烧室有基本的性能要求。第1章中已经介绍过燃烧室的工作特点。为了满足燃烧室的这些工作特点,充分发掘燃烧室的功能,必须提高燃烧室的性能。衡量一个燃烧室的好坏,需要借助一些能反映燃烧室工作特性的性能参数。本章主要介绍燃烧过程和燃烧室的主要性能。

## 6.1 燃烧过程和燃烧热力计算

### 6.1.1 燃烧过程分析

**1. 油气分布**

为了在燃烧室中组织有效的燃烧,首先要在燃烧室内形成合理的适合燃烧的油气分布。所谓油气分布是指余气系数或油气比在燃烧室中的空间分布。只有在一定范围内的余气系数才能保证稳定高效的燃烧。

空气经旋流器和主燃孔等进入主燃区,在其中形成周向旋流耦合轴向回流的流场结构,如第4章所述;通过喷嘴供入的燃油也进入主燃区,如第5章所述,通过离心式喷嘴和预油膜式气动雾化喷嘴进入的油雾呈圆锥形分布,油雾集中于表面,中间为空心区域,如图6-1所示。图6-1中线1表示油雾轨迹,大部分燃油紧贴回流区边界的外侧运动,此处也是旋流流场较强的区域,可使燃油与主流空气进行充分混合,同时从回流区绕回来的高温气体也会进入该区域,对新鲜混合气进行加热。

图6-1中线2是主燃区内余气系数分布曲线,在油雾锥附近余气系数最小,燃油局部浓度最高,往里或往外余气系数都变大,燃油量减小。这种分布不均的燃油浓度场有助于提高火焰稳定性,以保证发动机工况变化时,燃烧空间总存在处于可燃浓度范围内的区域,进而维持火焰锋面的存在。

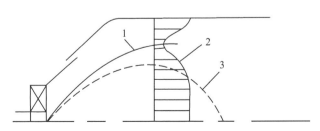

1—油雾轨迹;2—余气系数分布;3—零速度线
**图6-1 主燃区油气分布**

图 6-1 中线 3 是零速度线，其内是回流区，燃烧时回流区充满的是高温气体，区域外主要是从旋流器等进入的主流空气。

**2. 燃烧过程**

如图 6-2 所示，燃油沿轨迹 1 进入主燃区，与旋流器进来的旋转空气一边快速混合一边向下游流动，形成两相强螺旋流动，以保证在很短的距离内形成可燃混合气。如果是在发动机启动阶段，此时油气混合气的着火依靠点火器点火实现。点着后，火焰稳定在回流区内合适的位置处，如图 6-2(b)中的 $b$ 点（稳定原理见第 2 章）；燃烧后的高温燃气大部分向燃烧室下游流动，一小部分进入回流区，向前回绕到喷嘴出口处，用于加热新鲜油气混合气。新鲜油气混合气在高温燃气和回流区辐射的共同作用下，燃油迅速蒸发，油气混合气加热升温，到 $b$ 点达到着火状态，开始燃烧。由此构成了稳定燃烧的循环过程。

由于进入火焰筒的燃油有不同的平均粒径，由高温燃气和辐射中获得的热量也会有所差异，故而燃油蒸发成气相的时间及油气混合气获得的热量也都有所差异，再加上湍流火焰的皱褶，因此着火区是一个狭长的环状区域，如图 6-2(a)中阴影 3 所示的火焰锋面。

当然在上述过程中，如果回流区供热不足或燃油雾化等不好，则会使形成可燃混气和获得着火所需能量的距离增加，着火点 $b$ 点往后移，其极限情况为 $b$ 点移至回流区的后滞止点仍不能着火，则燃烧室将熄火。

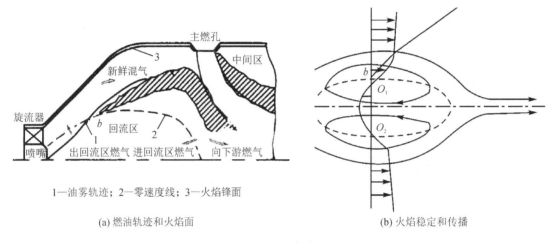

1—油雾轨迹；2—零速度线；3—火焰锋面

(a) 燃油轨迹和火焰面　　　　　　　　　(b) 火焰稳定和传播

图 6-2　燃烧过程

主燃区的平均油气比接近化学恰当比，湍流度大，油气混合剧烈，温度高，可以将 90% 以上的燃料燃烧完全。没有燃烧完全的燃料在中间区继续燃烧。须特别注意的是，在主燃孔射流后的尾涡区会形成第二燃烧区。

从整个燃烧过程来看，在主燃区出口处的燃气温度最高。进入中间区后，由于补入了一部分空气，余气系数较主燃区变大，因而补燃过程和复合过程的释热量也会小于补燃空气吸收的热量，燃气平均总温下降。在掺混区，余气系数进一步变大，燃气温度下降，其下降幅度取决于掺混气量。在这个过程中，燃烧效率一直上升，在主燃区上升速度最快，而到掺混区已基本烧干净，燃烧效率不变。图 6-3 所示为上述讨论中余气系数、空气量、燃气温度和燃烧效率沿燃烧室流向的变化曲线。

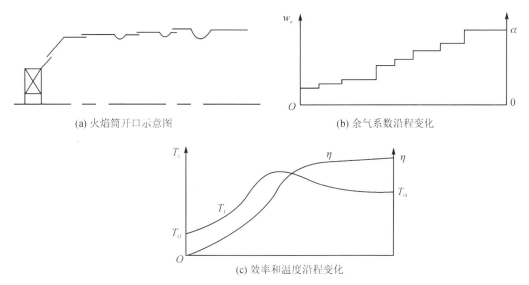

图 6-3 燃烧室性能参数沿程变化

## 6.1.2 燃烧过程的热力计算

燃烧装置的性能估算首先需要进行燃烧过程的热力计算,包括理论空气量、燃烧产物以及燃烧火焰温度的计算。

**1. 理论空气量**

燃料燃烧是一个剧烈的氧化反应过程,燃烧所需的氧气量通常由空气来提供。在燃烧装置中,能使供入的燃料完全燃烧掉且没有多余的氧气,此时所需的空气量为理论空气量。1 kg燃料完全燃烧所需的理论空气量用 $L_0$[kg(air)/kg(fuel)] 或 $V_0$[kmol(air)/kg(fuel)] 表示。

理论空气量可根据化学反应方程式计算。以碳氢燃料为例,其化学反应方程式为

$$C_xH_y + a(O_2+3.76N_2) = xCO_2 + \frac{y}{2}H_2O + 3.76aN_2$$

对应的各物质的量: $12x+y \quad a(32+3.76\times28) \quad 44x \quad 9y \quad 3.76a\times28$

式中,$a = x + y/4$,则

$$L_0 = \frac{a(32+3.76\times28)}{12x+y} = \frac{137.28\times(x+y/4)}{12x+y} \quad \text{kg(air)/kg(fuel)}$$

因为碳氢燃料大多是烃类混合物,所以有些燃料没有确定的分子式,只能通过元素分析确定燃料中所含元素的百分比。航空燃油中往往只含碳、氢两种元素,O,N,S 等元素都极少或没有。假设 C,H 两种元素的质量百分比为 $g_C$ 和 $g_H$,且

$$g_C + g_H = 1$$

其中 C,H 完全燃烧的反应式为

$$C + O_2 \rightarrow CO_2, \quad H_2 + \frac{1}{2}O_2 \rightarrow H_2O$$

则燃烧 1 kg 燃料理论所需的空气为

$$L_0 = \frac{1}{0.232}\left(\frac{32}{12}g_C + \frac{16}{2}g_H\right) \quad [\text{kg(air)/kg(fuel)}] \qquad (6-1)$$

RP-3 航空煤油中，$g_C = 0.8515$，$g_H = 0.1485$，代入式(6-1)可求得

$$L_0 = \frac{1}{0.232}\left(\frac{32}{12} \times 0.8515 + \frac{16}{2} \times 0.1485\right) = 14.87 \quad [\text{kg(air)/kg(fuel)}]$$

另外，根据航空煤油中 C，H 的含量，还可以把煤油拟合成一个分子式为 $C_{12}H_{25}$ 的烃类燃料，此时 C 占质量分数 0.852，H 占质量分数 0.148，与实际占比一致。把该数值代入前面的反应方程式，可计算得到 $L_0 = 14.82$。

燃烧产物的计算与理论空气量的计算方法相似，这里不作讨论，请读者自行计算。

**2. 燃烧效率**

根据能量守恒，燃烧室进口的总焓加上燃烧释放的热量应等于燃烧室出口燃气的总焓，即

$$I_{t3a} + I_{t3f} + Q = I_{t4}$$

$$m_a i_{t3a} + m_f i_{t3f} + \eta_B m_f H_\mu = (m_a + m_f) i_{t4} \qquad (6-2)$$

则

$$\eta_B = \frac{m_a C_{p3a}(T_{t3a} - T_0) + m_f C_{p3f}(T_{t3f} - T_0) - (m_a + m_f)C_{p4}(T_{t4} - T_0)}{m_f H_\mu}$$

式中，$T_0$ 为基准状态的总温。从热力学知道，物质的热焓取决于物质的性质和温度，因而为求出 $\eta_B$，在式(6-2)中须首先确定各等压比热。燃烧室进口空气和燃油的成分、温度都是确定的，因此等压比热的确定比较容易。但对于燃气就没有这么简单了，其成分与余气系数 $\alpha$ 和出口温度 $T_{t4}$ 有关，因而等压比热也会随着余气系数和燃烧温度的变化而变化。

为了解决这个问题，工程上提出了如下思路：

燃烧室的余气系数 $\alpha > 1$，因此可以把燃气人为地分为两部分：一部分是燃料和空气以化学恰当比进行混合后燃烧产生的燃气，实际燃烧也的确是这样的；另一部分是剩余的纯空气。相应的，燃烧室出口焓也分为两部分：在出口温度 $T_{t4}$ 下的燃气焓和纯空气焓。即

$$(m_a + m_f)i_{t4} = (\alpha m_f L_0 + m_f)i_{t4} = m_f(1 + L_0)i_{t4\alpha=1} + m_f(\alpha - 1)L_0 i_{t4a} \qquad (6-3)$$

这样分开后，式(6-3)右边第一项是 $\alpha = 1$ 的纯燃气（成分确定）的焓，第二项是燃烧室出口温度下纯空气的焓。这样变换后各自的比热都仅是温度的函数了。

进一步，式(6-3)可以写为

$$(m_a + m_f)i_{t4} = m_f(1 + L_0)i_{t4\alpha=1} + m_f(\alpha - 1)L_0 i_{t4a} = m_f(1 + L_0)i_{t4\alpha=1} + (m_a - m_f L_0)i_{t4a}$$

$$= m_a i_{t4a} + m_f[(1 + L_0)i_{t4\alpha=1} - L_0 i_{t4a}] = m_a i_{t4a} + m_f H_{t4} \qquad (6-4)$$

式中，$H_{t4} = (1 + L_0)i_{t4\alpha=1} - L_0 i_{t4a}$。$H_{t4}$ 称为等温燃烧焓差，其含义为在温度 $T_{t4}$ 下 1 kg 燃料与 $L_0$(kg)空气完全燃烧时燃烧产物的焓值与 $L_0$(kg)空气在同一温度下的焓值的差值。

同样可以写出基准温度下的等温燃烧焓差：

$$H_0 = (1 + L_0)i_0 - L_0 i_0$$

把这些代入式(6-2)，可得

$$\eta_B = \frac{m_a(i_{4a} - i_{3a}) + m_f(H_{t4} - H_0 - \Delta i_f)}{m_f H_\mu} = \frac{\alpha(i_{4a} - i_{3a}) + (H_{t4} - H_0 - \Delta i_f)}{H_\mu}$$

$$(6-5)$$

式中，$\Delta i_f = i_{t3f} - i_{0f}$ 为 1 kg 燃料进入燃烧室时的焓差。

工程上,对于航空煤油已制定了等温燃烧焓差 $H$ 及焓值表,可以方便地查出不同温度下的 $H$ 值,代入式(6-4)即可得出燃烧室出口热焓,进而根据式(6-5)求得效率。

**3. 燃烧温度**

由式(6-5)可得

$$\alpha = \frac{\eta_B H_\mu - (H_{t4} - H_0 - \Delta i_f)}{i_{4a} - i_{3a}} \tag{6-6}$$

若发动机总体参数给定,则燃烧室总余气系数、进口温度、空气量、燃油量和燃烧效率都给定,只有 $H_{t4}$ 和 $i_{4a}$ 未知,但这二者都取决于燃气温度,且仅与燃气温度有关。由于两个未知数与温度关系复杂,相互间也没有定量关系,因而计算中要使用迭代法。

求解步骤是:先给定一个温度 $T_{t4}$,然后查焓值表找出 $H_{t4}$,据此由式(6-6)计算出 $i_{4a}$,根据求得的 $i_{4a}$ 再从表中反查出温度 $T_{t4}$,并与初始给定的温度比较,如满足预先给定的精度,则该温度就是所要的燃气温度,否则再取新的温度,重复上面过程,直至获得满意的结果为止。

上面的计算过程比较复杂,有时工程上也采取一些简化的方法。下面介绍一种简化的温度求解方法。

由于燃油带入的焓值很少,因而能量平衡式(6-2)中可以略去此项,得

$$m_a i_{t3a} + \eta_B m_f H_\mu = (m_a + m_f) i_{t4}$$

$$i_{t3a} + \frac{\eta_B H_\mu}{\alpha L_0} = \left(1 + \frac{1}{\alpha L_0}\right) i_{t4} \tag{6-7}$$

在航空发动机燃烧室,一般 $\alpha > 2$,则 $1 + \frac{1}{\alpha L_0} \approx 1$,故式(6-7)可改为

$$i_{t3a} + \frac{\eta_B H_\mu}{\alpha L_0} = i_{t4}$$

$$C_{pa}(T_{t3} - T_0) + \frac{\eta_B H_\mu}{\alpha L_0} = C_{pg}(T_{t4} - T_0) = C'_{pg}(T_{t4} - T_{t3}) + C''_{pg}(T_{t3} - T_0) \tag{6-8}$$

在相同温度范围内,空气与燃气的等压比热差不多,在此假定它们相等,即 $C_{pa} = C''_{pg}$,则式(6-7)变为

$$T_{t4} = T_{t3} + \frac{\eta_B H_\mu}{C'_{pg} \alpha L_0} \tag{6-9}$$

在式(6-7)中,很难精确得到燃气的等压比热,工程计算中可以通过查表得到特定温度范围内的平均比热。另外,从该式中可知燃烧室出口温度与燃烧效率、比热和余气系数有关。这几个参数中,由于燃烧效率已经很高,可调范围很小,且温度变化时比热的变化也不大,而余气系数的调节范围较大,对温度影响明显,比如以前燃烧室的余气系数都在 3 上下,目前高温升高热容燃烧室已低至 2 左右,燃烧室出口温度有大幅提高。

## 6.2 燃烧室流阻特性

燃烧室的流动损失主要由以下 3 部分组成。

① 扩压损失——包括扩压器(含突扩段)损失和环型通道损失。扩压器损失是由扩压器摩擦损失、气体流动分离损失和突然扩张损失等组成。一般情况下占燃烧室总损失的 25%~

30%。扩压器进口边界层厚度和压气机出口导流叶片尾迹对损失有较大的影响,因此通常在扩压器进口处都会有很短的一段直环形通道,以减少损失。扩压器损失是一种无效损失。

② 掺混损失——主要包括旋流器和火焰筒各进气孔(主燃孔、掺混孔和冷却孔等)带来的损失。火焰筒中的燃油与空气、热燃气与新鲜混气的掺混越强烈,则燃烧反应速度也越快,燃烧效率越高,燃烧室出口温度分布也更加均匀,但同时总压下降,损失增加。尽管这种损失对动力性能不利,但对燃烧和掺混显然是有利的,因而与扩压的无效损失相比,这是一种有效损失。掺混损失约占燃烧室总损失的 50%。掺混损失与火焰筒进气孔面积有关。进气孔面积越小,射流速度越大,损失增加。

③ 加热损失——气体流动状态下加热所引起的损失,与流动速度和加热比有关,速度越高,则加热损失越大。通常燃烧室在主燃区处的流动马赫数小于 0.05 时,加热引起的压力损失约占燃烧室压力损失的 10%。

在测量燃烧室压力损失时,通常可以由冷吹风得出燃烧室总压损失,再考虑加热损失,进而估计出燃烧室的总压损失。

从第 1 章、第 3 章可知,燃烧室压力损失可以用总压损失系数和流阻系数来表示,并导出了总压损失系数和流阻系数间的关系:

$$\zeta_B = \frac{\Delta p_{t3-4}}{p_{t3}} = \frac{\Delta p_{t3-4}}{q_{ref}} \times \frac{q_{ref}}{p_3} = \xi_B \frac{\rho_3 u_{ref}^2}{2 p_3} = \xi_B \frac{R_g}{2} \left( \frac{m_3 T_3^{0.5}}{A_{ref} p_3} \right)^2 \quad (6-10)$$

式(6-10)中包含了 3 个参数:总压损失系数 $\zeta_B$、阻力系数 $\xi_B$ 以及流动综合参数 $\frac{m_{a3} T_3^{0.5}}{A_{ref} p_3}$,流动综合参数也可以看成是参考截面处平均气流速度 $U_{ref}$ 的衡量尺度:

$$\frac{m_{a3} T_3^{0.5}}{A_{ref} p_3} = \frac{m_{a3}}{A_{ref} \frac{p_3}{R_g T_3}} \frac{1}{R_g \sqrt{T_3}} = \frac{U_{ref}}{R_g \sqrt{T_3}} \quad (6-11)$$

结合第 1 章和第 3 章及上面的讨论可知:在燃烧室结构一定时,流阻系数基本不变,速度越大,燃烧室总压损失越大;反过来,速度一定时,结构变化,则流阻系数也在变,总压损失跟着变。

由此上述 3 个参数间存在相互的依赖关系,在讨论燃烧室流阻特性时要综合考虑。总压损失系数、流阻系数和流动综合参数间的变化关系,称为燃烧室的流阻特性。

将式(6-10)中的 3 组参数以 $\xi_B$ 为参变量,纵坐标为 $\zeta_B$,横坐标为 $\frac{m_a \sqrt{T_3}}{p_3 A_{ref}}$ 作出关系曲线图,如图 6-4 所示。

由图 6-4 可以看出,当流阻系数 $\xi_B$ 固定时,总压损失系数 $\zeta_B$ 随着 $\frac{m_a \sqrt{T_3}}{p_3 A_{ref}}$ 的增加而增加;当 $\frac{m_a \sqrt{T_3}}{p_3 A_{ref}}$ 不变时,总压损失系数 $\zeta_B$ 随着 $\xi_B$ 的增加而增加;同样的,当 $\zeta_B$ 不变时,$\xi_B$ 随着 $\frac{m_a \sqrt{T_3}}{p_3 A_{ref}}$ 变大而变小。由此可以看出总压损失、流阻系数和气流速度之间是相互矛盾的。从减小总压损失 $\frac{\Delta p_{t34}}{p_{t3}}$ 以提高发动机推力和耗油率性能来说,希望有较小的 $\frac{m_a \sqrt{T_3}}{p_3 A_{ref}}$ 值和较小

的 $\xi_B$ 值，但前者将使燃烧室尺寸加大，后者会损害燃烧和掺混过程。因此在实际设计中需要抓住某个燃烧室的主要矛盾，统筹考虑，选取适当的气动和结构参数。

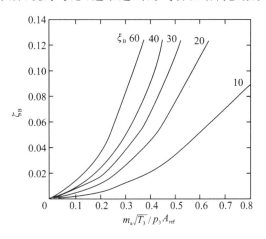

图 6-4　流阻特性曲线

不同类型的燃烧室的这 3 个参数的典型数据如表 6-1 所列。从表中可以看出，3 类燃烧室的总压损失差不多，而环形的 $\xi_B$ 要小些，而 $\dfrac{m_a\sqrt{T_3}}{p_3 A_{ref}}$ 最大。这显示了环形燃烧室的优点，$\dfrac{m_a\sqrt{T_3}}{p_3 A_{ref}}$ 越大意味着 $A_{ref}$ 越小，则迎风面积减小，而 $U_{ref}$ 较大，$\xi_B$ 反而更小，表明分离损失小，流道设计合理。

表 6-1　不同类型的燃烧室的 3 个参数的典型数据

| 燃烧室类型 | 参　数 | | |
|---|---|---|---|
| | $\dfrac{\Delta p_{t34}}{p_{t3}}/\%$ | $\xi_B$ | $\dfrac{m_a\sqrt{T_3}}{p_3 A_{ref}}$ |
| 单管燃烧室 | 7 | 37.5 | 0.035 |
| 环管燃烧室 | 6 | 25 | 0.04 |
| 环形燃烧室 | 7 | 18 | 0.05 |

## 6.3　燃烧效率

衡量燃烧室燃烧完全程度通常用燃烧效率来表示。燃烧效率是指燃气获得的能量与燃料所含有能量的比值。显然在进口参数一定时，燃烧的完全程度更多地取决于油气比，太贫或太富都会使燃烧效率下降。燃烧效率特性就是指燃烧效率与燃烧室总余气系数之间的关系。

燃烧效率特性一般通过实验得出。在进口参数一定的情况下，改变供油量得到不同的燃烧室总余气系数 $\alpha$，测得每个余气系数下的燃烧效率 $\eta_B$，然后把这些 $\eta_B$ 连接起来，即得到 $\eta_B=f(\alpha)$ 的关系曲线。典型的燃烧效率特性曲线如图 6-5 所示。

结合图 6-5 可知，随着燃烧室总余气系数的增加，燃烧效率先增加，在余气系数为 2～3

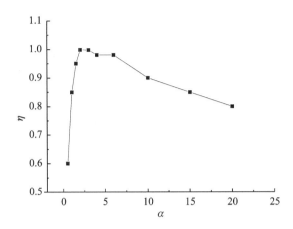

图 6-5 燃烧效率特性曲线

时达到一个最高值,之后开始缓慢下降。以燃烧效率最高点处的余气系数 $\alpha_{\text{opt}}$(最佳余气系数)为基准,偏富一侧的油气(燃烧效率最高点的左侧)其燃烧效率下降相对快一些,而偏贫一侧的油气下降相对慢一些。

由于燃烧主要在主燃区内完成,下面主要针对该区内的燃烧情况进行燃烧效率特性曲线的分析。在燃烧室进口参数(包括空气流量、温度、压力等)不变时,主燃区的空气流量也基本保持不变,在这种情况下缓慢供入燃油。开始时主燃区内的燃油量很小,余气系数大(可以达到 15、20 以上),这种状态下可燃混合气的量只占总气量的一小部分,燃烧释放出来的热量也需要供给大量不参与燃烧的空气来提高温度,因而总的燃气温度并不高,反过来会使该状态下的化学反应速率和火焰传播速度都保持在一个比较低的水平,使燃料完全燃烧所需的时间增加,这显然对提高燃烧效率是不利的;随着燃油量的增加,主燃区内的油气比逐渐接近恰当比,化学反应速率和火焰传播速度快速提高,可燃混合气所占的比例也大幅提高,燃烧强度增大,燃气温度上升,大大缩短了燃烧时间,促进了燃烧效率的提高。随着燃油量的进一步增加,主燃区内油气比变为富油状态,与贫油时多余空气吸热导致温度下降类似,多出来的燃油也会吸收燃烧释放出来的热量,降低主燃区的温度,导致了燃烧速率和燃烧效率下降。另外燃油气化所需的热量远比空气吸热大得多,这也是富油侧效率下降比较快的原因,严重时将导致燃烧室熄火。

需要说明的是,主燃区的油气比处于恰当比时,并不表明燃烧室总油气比也处于恰当比。火焰筒除了主燃区的空气外,还包括冷却空气、掺混空气等,因此此时燃烧室的总余气系数视不同的流量分配会高于 2 甚至 3。另外,由于主燃区内油气并不是充分混合,因此也不一定恰好在主燃区恰当比时燃烧性能最好。

上面的讨论是在燃烧室进口参数不变的条件下进行的。实际情况中,影响燃烧效率的因素很多,如燃烧室的进口气流速度、温度和压力等都对燃烧有不同程度的影响。图 6-6 和图 6-7 所示为燃烧室进口空气压力和温度对燃烧效率的影响。显然随着温度和压力的降低,燃油雾化蒸发能力变弱,化学反应速率和火焰传播速度均减小,燃烧效率也随之降低。

下面进一步从燃烧理论出发来分析到底哪些因素会影响到燃烧效率。从表面燃烧理论看,燃料之所以未能全部燃烧(燃烧效率低于 100%),是由于燃料在火焰前锋的停留时间太短或者火焰传播速度太慢,来不及把进入焰锋的燃料烧完。

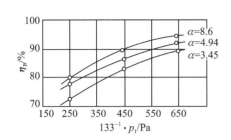
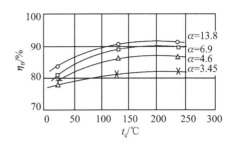

图 6-6 燃烧室进口压力对燃烧效率的影响  图 6-7 燃烧室进口温度对燃烧效率的影响

根据上面的分析,燃烧效率就与燃烧室中的紊流火焰传播速度 $u_t$ 直接相关。$u_t$ 增大意味着在空气和燃料流量不变的情况下燃烧效率 $\eta_B$ 提高,即

$$\eta_B \propto u_t$$

燃料在火焰锋面的停留时间与燃料的流动速度和距离相对应。速度越小,距离越大,停留时间就越长,燃烧效率就越高。距离可以用燃烧室的最大直径或高度来表示。因此

$$\eta_B \propto \frac{D_{ref}^n}{u_{ref}}$$

式中,$u_{ref}$ 是参考速度。

综合上面两个式子可得

$$\eta_B = f\left(\frac{D_{ref}^n u_t}{u_{ref}}\right) \tag{6-12}$$

火焰传播速度 $u_t$ 随反应初始温度和压力的增加而增加,则

$$u_t = f\left[p_3^a \exp(bT_3)\right]$$

式中,$p_3$、$T_3$ 和 $D_{ref}$ 分别为燃烧室进口温度、压力和参考截面的直径(或高度)。

参考截面的速度可以根据流量方程得到

$$u_{ref} = \frac{m_a}{\rho_3 A_{ref}}$$

式中,$m_a$ 为空气流量;$A_{ref}$ 为燃烧室的参考截面面积。

把上面两个式子代入式(6-12),同时考虑到一般性应用,可得

$$\eta_B = f\left[\frac{p_3^a A_{ref} D_{ref}^n \exp(bT_3)}{m_a}\right] \tag{6-13}$$

上式中表示 $\eta_B$ 的各项都是可测量或计算的,根据在各种不同的 $p_3$、$T_3$、$m_a$、$D_{ref}$ 下 $\eta_B$ 的试验数据,可以确定出 $a$、$b$、$m$、$n$ 的值。由于是试验结果,式(6-13)有很多种形式,另外采用不同燃烧理论时(如搅拌反应理论时),也会得出不同的值。$a$ 值主要与反应级数有关,$a$ 可取 1.75、2 等;$n$ 可取 0.75、1 等;$b$ 值主要与化学反应常数有关,可取 $1/200$、$1/300$ 等。以下是 Lefebvre 得到的燃烧效率公式:

$$\eta_B = f\left(\frac{p_3^{1.75} A_{ref} D_{ref}^{0.75} \exp\left(\dfrac{T_3}{300}\right)}{m_a}\right) \tag{6-14}$$

把公式右边括号中的表达式用 $\theta$(称为燃烧效率相似参数)来表示,即

$$\theta = \frac{p_3^{1.75} A_{\text{ref}} D_{\text{ref}}^{0.75} T_3^{(T_3/300)}}{m_a} \quad (6-15)$$

式中,$m_a$ 为空气流量(kg/s);$p_3$ 和 $T_3$ 分别为进口压力(Pa)和进口温度(K);$A_{\text{ref}}$ 和 $D_{\text{ref}}$ 分别为燃烧室最大截面面积($m^2$)和直径或高度(m)。

Lefebvre 总结了很多个单管、环管和环形燃烧室燃烧效率与相似参数间的关系(见图 6-8),图中的阴影线表示燃烧室燃烧效率在特定 $\theta$ 下的变化范围。由图可知,在一定的 $\theta$ 值时,特定类型燃烧室的燃烧效率处于一个非常小的变化范围内,这表明燃烧效率与相似参数间存在一一对应的定量关系,$\theta$ 参数能够很好地综合不同工作状态下燃烧效率的变化规律。另外,从图中也可以判别新设计的燃烧室的性能和设计难度:如果效率特性曲线落在阴影范围以内,则它的实现在技术上已有先例,原则上应不存在困难;如果落在阴影范围的左侧(即希望在相同的 $\theta$ 值下获得更高的 $\eta_B$ 值),则必须要在技术上采取切实的有效措施,否则就有可能实现不了。

对于一个特定的燃烧室,式(6-14)可以简化为

$$\eta_B = f\left(\frac{p_3^{1.75} e^{\left(\frac{T_3}{300}\right)}}{m_a}\right) = f(\theta) \quad (6-16)$$

图 6-9 所示为 $\eta_B = f(\theta)$ 对应的关系曲线。该曲线可以根据几个在不同的空气流量 $m_a$ 或进口压力 $p_3$ 下测定的 $\eta_B$ 值绘出,然后可从图中读出对应于任意 $p_3$,$T_3$,$m_a$(即任意飞行状态)的 $\eta_B$ 值。利用该关系式可以大大减轻燃烧实验的工作量,降低成本,如可以采用较低的压力,只需较少的实验组数即可得到满足要求的燃烧效率变化规律。

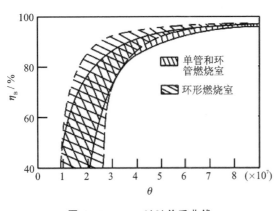

图 6-8 $\eta_B = f(\theta)$ 关系曲线

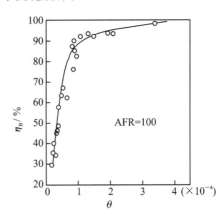

图 6-9 特定燃烧室下的 $\eta_B = f(\theta)$ 曲线

燃烧效率相似参数 $\theta$ 综合了燃烧室结构尺寸和进口气动参数,综合反映了影响燃烧效率的主要因素及它们相互之间的关系,为新燃烧室的设计提供了基础,并减少了实验工作量和研究成本。

## 6.4 点火性能

发动机燃烧室中一般用电嘴产生的电火花将油气点燃,其点火过程大致可分为以下 3 个阶段:

① 形成一个具有足够大、足够高温度的火焰核心，这个阶段的成功主要取决于点火能量、点火持续时间和点火电嘴附近的混气浓度、紊流度等因素；

② 火焰从核心传到对应的火焰筒中，它与火焰筒头部的气流结构和浓度分布密切相关；

③ 将被点燃的局部火焰传播到所有火焰筒内，这对单管和环管燃烧室尤为重要。

发动机的点火性能是指燃烧室点火系统是否能满足发动机在空中和地面的启动要求，工作是否可靠，寿命是否够长。发动机在地面条件下启动，通常比较容易点火，因为地面条件下的大气压力和温度都较高。而在高空时发动机熄火后重新点火比较困难，此时发动机处于风车状态，且压气机出口气流速度很快，外界环境压力和温度较低，因此点火困难。

评定点火性能一般用点火高度和点火特性曲线表示。点火高度是指发动机高空熄火后能点火启动成功的最大高度。目前一般点火高度是 8～9 km，采取补氧等措施后可达 12～13 km。点火特性曲线是在一定的进气条件（$p_3$，$T_3$）下，可以顺利实现点火时的混气浓度变化曲线，经常用图 6-10 和图 6-11 所示的两类曲线表示。图 6-10 所示为在不同进口速度下可以成功点火的油气范围，图中阴影部分是可以成功点火的区域。$C$ 点是可以实现成功点火的最大速度点，$C$ 点左上方的线为富油点火极限边界线。左下方的线是贫油点火极限边界线。随着速度的增加，可以成功点火的范围缩小，最后贫、富油点火极限线交于点 $C$。同样，不同的油气比可以成功点火的最大速度也不一样，太贫或太富都会使可以成功点火的速度变小，最大速度一般出现的点火区域油气比为恰当比的状态。另外，在图 6-10 中，不同燃烧室进口压力下贫、富油点火曲线的变化规律一致，但能够成功点火的油气范围有差异，进口压力越高，贫、富油极限越宽。图 6-11 所示为点火包线，表示在特定飞行马赫数下可以成功点火的飞行高度，中间区域是可以成功点火的区域。

点火特性曲线是针对燃烧室而言的，而点火包线则是针对发动机层面的。但两组曲线实质上是一样的，当发动机工作在不同飞行高度和不同飞行马赫数下时，燃烧室的进口气动热力参数会发生相应的变化。在研究点火性能时，通过全面梳理发动机燃烧室所有可能的进口气动热力参数，然后制定包含上述参数在内的点火研究方案，通过试验获得点火油气比与相关气动热力参数间的关系，然后发动机依据此结果得到点火包线，并进行相应的整机验证。

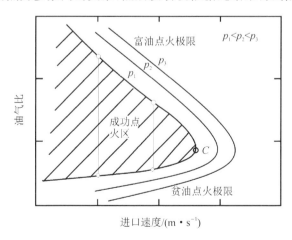

图 6-10 点火油气比与进口速度间的关系曲线

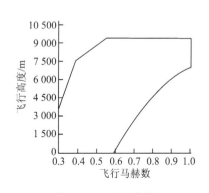

图 6-11 点火包线

影响点火性能的因素有很多，主要包括以下 4 种。

(1) 点火能量的影响

一般来说,点火能量越大,则点火范围越宽。如前所述,点火过程的第一阶段就是要形成一个足够大、温度足够高的火花核心,此热核心的放热率要大于因辐射换热和紊流扩散的散热率。如图 6-12 所示,随着点火能量的增加,能成功点火的油气范围增大,点火性能改善。目前实际应用的电容放电系统储能最大可达 20 J 以上,放电频率 1~2 Hz,火花持续时间大于 50 μs。

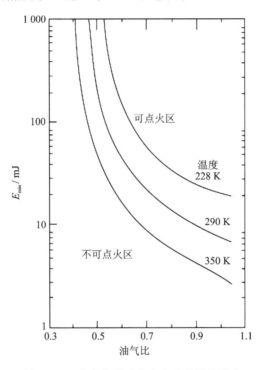

图 6-12 点火能量对点火速度边界的影响

(2) 进口气流参数的影响

燃烧室进口压力、温度及气流速度都对点火性能有不同程度的影响。通常是压力、温度越高,气流速度越小,点火越容易。

气流压力降低,密度就要减小,化学反应速率减慢,随之放热速率减慢,相应的点燃混气所需的点火能量就要增大。此外,由于压力降低,火花能量也降低,故导致点火更加困难。如空气压力为 650.4 kPa 时,放电能量为 3.51 J,当空气压力降低到 99.1 kPa 时,放电能量仅为 2.68 J。

温度的变化不仅影响可燃混合物的初始化学反应速率,还会影响燃料的蒸发和雾化,特别是在发动机高空熄火进入风车状态时,温度低,气流速度大,会使火花团的热量更容易散失,而且也影响火焰的传播和稳定性。从图 6-12 中可以看出,温度越高,所需要的点火能量越小。

对所进行的各类型试验燃烧室的试验结果进行分析,可得到以下综合经验关系式,即在不同进气压力和温度下可点燃的最大参考速度为

$$v_{\text{ref}} = a(T_{t3} - 200)^b \left[ 1 - c \frac{\exp\left(-\dfrac{T_{t3}}{310}\right)}{p_{t3}} \right]$$

式中，$p_{t3}$ 为进气压力，$T_{t3}$ 为进气温度(K)。$a,b,c$ 分别为各种试验燃烧室条件下的常数。

对于带离心式喷嘴的试验燃烧室：$a=20, b=0.22, c=34.34$；

对于带蒸发管式喷嘴的试验燃烧室：$a=3.85, b=0.41, c=46.11$；

对于带气动喷嘴的试验燃烧室：$a=7.3, b=0.30, c=69.65$。

(3) 油气比对点火性能的影响

火焰筒头部浓度场是影响点火性能的重要因素。由于点火首先在气相燃料中实现，故点燃均匀混气要求余气系数接近1，而点燃两相油气混合物时则要求余气系数更小一些，即偏富油，尽可能使气相混合物的油气浓度接近当量比，而这与燃油的雾化、蒸发及油气混合特性密切相关。因此，在设计喷嘴时，必须考虑在启动状态时的雾化质量和浓度分布特性。

(4) 电嘴位置的影响

各种型号的燃烧室由于流场和浓度场各不相同，电嘴的最佳位置也略有不同，电嘴一般选择的原则如下：

① 放在气流速度较低的地方，以提高点火的可靠性；

② 放在气相浓度 $\alpha$ 接近1的地方；

③ 为了防止电嘴被烧蚀，电嘴端部温度不超过600 ℃，插入深度以不超过10 mm 为宜；

④ 不能放在喷雾锥的油膜中，以免淬熄，也不宜离油雾锥太远，以免混气太贫，无法点燃。

电嘴的最佳位置大多靠实验来确定，如果能测出火焰筒头部的浓度场和速度场，则电嘴的位置就比较容易确定。由于地面和高空的浓度场和速度场不同，因此电嘴的最佳位置要兼顾高空和地面的不同情况。一般主要考虑高空情况，适当兼顾地面。

## 6.5 火焰稳定性能

燃烧室能稳定工作对发动机来说至关重要。燃烧稳定性包含以下两个方面：

① 在发动机工况范围内燃烧室不熄火，即使条件恶劣导致燃烧不正常也能保持不熄火；在恶劣条件过后又能恢复正常，即燃烧室具有抗恶劣条件的"生命力"——这种性能一般用火焰稳定性能或熄火性能来表示。

② 不出现对发动机来说有破坏性的燃烧，通常指振荡燃烧，一般出现在贫油主燃烧室和加力燃烧室中。

本节着重介绍火焰稳定性能。

火焰稳定性能是指发动机在宽广的工作范围内平稳燃烧和火焰保持在燃着状态的能力。稳定燃烧特性曲线表示在一定的进气条件 $(p_{t3}, T_{t3}, Ma_3)$ 下火焰稳定的混气浓度范围。

图6-13所示为典型的火焰稳定特性曲线。该曲线一般通过实验测得，在进口温度和压力不变的情况下，固定进口流量或速度，逐步减小或加大供油量直至熄火，分别得到一个贫油和富油熄火油气比；再改变一个流量或速度，同样的方向得到另一组贫、富油熄火点。反复实验即可得到一条完整的火焰稳定特性曲线。做实验时富油边界较难做出，主要是因为富油时燃烧激烈、温度较高，而且往往伴随着振荡现象，有可能损害燃烧室。

与点火特性线(见图6-10)类似，图6-13中阴影部分是可以稳定火焰的区域，$C$ 点是能够稳定火焰的最大速度点，$C$ 点左上方的线为富油熄火边界线，左下方的线是贫油熄火边界线。随着进口换算流量或速度的增加，火焰稳定的油气范围缩小，最后贫、富油熄火边界交于

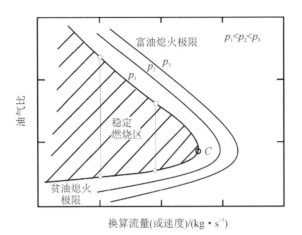

图 6-13 火焰稳定特性曲线

点 $C$。同样,不同油气比可以成功稳定火焰的最大速度也不一样,太贫或太富都会使稳定火焰的流动速度变小,最大速度一般出现的油气比为恰当比的状态。

固定进口气流状态后,在正常燃烧的情况下加大油量,开始时燃烧变得更为炽烈;再增大供油量时,燃烧区开始富油,由于多余燃油的吸热作用和回流区前部缺氧,可以看出火焰明显后移,直到接近主燃孔时才能得到新鲜空气的补充;燃油量进一步增大,着火点移至回流区的尾部,此时回流区内充满大量油珠,温度继续下降,在这种情况下再稍增大供油量会使着火点完全脱离回流区,火焰熄灭,该点即为富油熄火边界点。气流速度加大,燃料在回流区内的停留时间变短,再加上新鲜空气的冷却作用,将使燃烧区工作状态进一步恶化,富油熄火油气比变小,稳定性变差。

如在燃烧室正常燃烧时减小供油量后至贫油状态,由于燃油减少,发热量减小,化学反应速度减慢,同时此时热阻有所下降,流速增加,气流的散热作用加大,这些均使主燃区温度快速下降,使新鲜混气达到可燃状态的时间加长,着火点向回流区后部移动。和富油时一样,当移到回流区后死点附近时,如继续减少燃油,燃烧室将熄火。当进口速度加大时,与富油时类似,熄火油气比增大,稳定性变差。但比较贫油和富油熄火边界时可以看到,富油边界的变化陡得多。

火焰稳定性能曲线与点火性能曲线变化规律类似,但火焰稳定范围会更宽一些(见图 6-14),即要实行成功点火的难度更大一些。

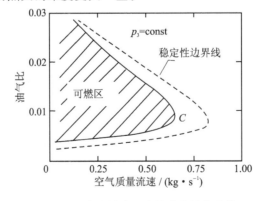

图 6-14 点火性能和火焰稳定性能比较

## 6.6 排放特性

动力装置在向人类提供能源动力的同时,排放的废气也会对大气造成污染。航空发动机燃烧室的有害排放物包括3类气态排放物:未燃烧的碳氢化合物(UHC)、一氧化碳(CO)、氮氧化物($NO_x$)和一种固态排放物冒烟(C粒)。

### 6.6.1 有害排放物生成机理和影响因素

**1. 一氧化碳生成机理和影响因素**

化学反应动力学表明,CO是碳氢化合物氧化反应的中间产物,主要是由于缺氧和高温裂解产生。例如:主燃区燃烧不完全生成CO;或者富油燃烧,缺氧导致CO生成$CO_2$的反应中断;在化学恰当比状态下燃烧,$CO_2$高温裂解也会生成一定量的CO。

燃烧室排气中CO的形成过程可用下式表示:

$$RH \rightarrow R \rightarrow RCHO \rightarrow RCO \rightarrow CO$$

式中,R代表碳氢原子团。CO形成过程中的主要反应是RCO的热分解。燃料中最初所含的碳将生成CO。

接下来CO氧化成$CO_2$,这一步的反应速度比CO的形成速度慢,氧化反应包括

$$CO + OH = CO_2 + H$$
$$CO + H_2O = CO_2 + H_2$$

CO被OH原子团氧化的反应相对较慢,只有在反应时间充足或反应被加速时才能够充分进行。

在燃烧区富油或燃烧区温度特别高,如高于1 800 K的情况下,$CO_2$会分解成CO。其反应路径如下:

$$CO_2 = CO + 0.5O_2$$

从航空发动机燃烧室的角度出发,导致燃烧室产生CO的情况主要有以下3种。

① 在低功率状态下,燃烧室内主燃区温度低,燃料反应的停留时间不够,燃油与空气混合度差,是CO大量产生的主要原因。

② 燃烧室内局部富油的区域同样会产生大量的CO。在高油气比燃烧室中,$CO_2$的高温分解是CO产生的重要原因。

③ 燃烧区火焰的末端进入火焰筒气膜中,火焰贫熄,反应被冻结,导致大量的CO产生。

CO的生成与燃烧室工况、雾化及主燃区的当量比有关。CO是燃烧室排气的未燃成分之一,主要影响燃烧效率。图6-15所示为压力、当量比等对CO排放量的影响。燃烧室进口温度、压力升高,促进了化学反应,加速了CO向$CO_2$的转化,对减少CO的生成有利。当主燃区油当量比为0.8~0.9时,CO排放最低。当主燃区为低油当量比时,燃烧区温度低,化学反应慢,燃料不完全燃烧导致CO排放量大大增加;当主燃区为高当量比时,$CO_2$分解,同样会导致CO排放量增加。燃油雾化平均粒径增加,蒸发所需时间变长,化学反应时间不充分,都会导致CO排放量的增多。

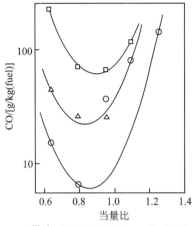

燃油：DF2 SMD=70 μm $T_3$=573 K
$P_A$：□ 0.76 MPa △ 1.01 MPa ○ 1.27 MPa

图 6-15 燃烧室压力和当量比对 CO 排放的影响

**2. 未燃碳氢生成机理和影响因素**

未燃碳氢(UHC)主要是指在燃烧室出口未完全燃烧的燃油颗粒、燃油蒸气以及在燃烧过程中裂解的小分子燃油成分。

UHC 的生成主要有以下几方面：

① 燃油在高温等作用下分解成低碳氢燃料；

② 燃油雾化差，缺乏足够的燃烧驻留时间；

③ 冷却气的焠熄作用(比 CO 强)，燃烧室出口未完全燃烧的燃油颗粒、燃油蒸气以及部分反应的燃油蒸气主要来源于气膜对上述产物的淬熄作用。

在航空发动机燃烧室中，UHC 生成的影响因素与 CO 的影响因素基本一致。随着工况的增加，UHC 和 CO 的排放按照相同的规律减少。但也存在一些区别：从化学动力学的观点来看，CO 是碳氢燃料的中间产物，且 CO 的消耗比 UHC 快；随着工况的增加，到某一点时 UHC 不再减少，而 CO 继续减少，另外 UHC 受冷却气焠熄作用的影响比 CO 强。

**3. NO 生成机理和影响因素**

在航空发动机排放中，$NO_x$ 主要指 NO 和 $NO_2$。在燃烧过程中产生的是 NO，而后在大气环境下氧化生成 $NO_2$。

燃烧中 NO 的来源主要有 3 方面：

① 由于高温环境下空气中的氮和氧反应形成的 NO 称为热力 NO(Thermal NO)；

② 在燃料不含氮的情况下，由于 HC 基作用产生的 NO 称为瞬发 NO(Prompt NO)；

③ 在燃料含有机氮的情况下，在燃烧情况下形成的 NO 称为燃料 NO(Fuel NO)。

在航空发动机燃烧室中，主要生成的是热力 NO，也有一小部分的瞬发 NO。下面主要对热力 NO 进行详细的讨论。

热力 NO 的生成机理是空气中的 $N_2$ 在高温下被氧化，通过如下不分支的链式反应完成：

$$N_2 + O = N + NO$$
$$O_2 + N = NO + O$$
$$N + OH = NO + H$$

影响热力 NO 生成的影响因素包括温度、压力、油气比、反应时间等。

① 温度对 NO 的产生有重要的影响,如在 1 000 ℃反应条件下,热力型 NO 浓度可以达到 12%,而当温度降到大约 800 ℃时,热力 NO 基本为 0。在两相燃烧中,总的来看当温度低于 1 600 K 时,热力 $NO_x$ 生成极少;当温度高于 1 800 K 时,NO 的生成量急剧升高。

② 余气系数对热力 NO 的生成有一定的影响,余气系数的增加一方面会增加氧的浓度,另一方面也会由于空气量增多而使火焰温度降低。从总的趋势来看,随着余气系数的增加,$NO_x$ 的生成量先增加到一个极值后再下降。

③ 气体在高温区停留时间增加,$NO_x$ 生成量迅速提高。驻留时间越短,$NO_x$ 的减少量越多,如驻留时间从 1 s 减少到 0.1 s 时,和从 0.1 s 减至 0.01 s 时相比,后者 $NO_x$ 的减少量要大得多。另外当驻留时间达到 1 s 以后,驻留时间的变化对 $NO_x$ 浓度的影响不大。

④ 压力对热力 NO 有较大的影响,一般认为热力 $NO_x$ 的生成速率与压力的 1.5 次方成正比。

总之,热力 NO 的生成需要满足高温、一定的含氧量以及足够的驻留时间 3 个条件。

**4. 冒烟的生成机理和影响因素**

航空发动机燃烧室的排气冒烟是指排气污染中的含碳物质,它们能够阻挡光的传播。

主燃区是碳烟形成的发源地,由于燃烧室头部喷出的油雾尚未与旋流器的空气很好混合,此时回流区将高温的燃气带回到喷嘴附近,在这个高温缺氧的环境中燃油裂解产生碳颗粒。

影响冒烟生成的主要原因是燃料的喷射、蒸发、掺混等物理过程。冒烟的形成区域在富油区,特别是燃油喷嘴附近的回流区。该区域温度高、富油、缺氧,导致冒烟生成。形成的烟粒子进入补燃区,会有一部分会反应生成 CO 或 $CO_2$。

从影响因素来看,发动机工况参数越高,越容易产生碳烟。另外,燃烧室内压力升高使冒烟生成加剧,因为高压影响油雾的穿透能力,使喷嘴附近油气比过富;温度对冒烟的影响比较复杂,虽然高温能增加碳氢化合物的热分解,但同样促进了碳的氧化反应,总的来看较高的温度会使冒烟下降;雾化平均粒径也对冒烟的产生比较大的影响,燃油粒径小,能减少烟的生成,但液滴颗粒太小也会影响穿透能力,使局部油气比偏富,总的来看雾化粒径小有利于减少冒烟。

## 6.6.2 燃烧室排放特性

燃烧室排放特性可以从排放与发动机工况以及排放与燃烧室参数两个层面进行讨论。

从发动机层面看,燃烧室排放特性是指主要排放物与发动机工况之间的变化关系。图 6-16 所示为燃烧室排放特性曲线。由图可知 CO 和 UHC 随着发动机功率的增加而快速减小,在低功率状态时较高,而功率到 40% 以后变得很小。$NO_x$ 正好相反,随着发动机功率的增加而增加,最大值出现在起飞状态,低功率时则非常小。冒烟也随着发动机功率的增加而增加,最大冒烟量产生在起飞状态。

从特性曲线中还可以看出,CO 和 UHC 的变化规律基本一致,而 $NO_x$ 的变化规律正好与它们相反,这意味着不可能采取同一种技术措施将 3 种有害气态排放物的含量同时降下来。

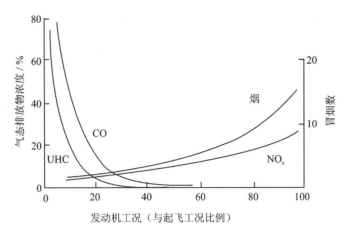

图 6-16 燃烧室排放特性曲线

为此在控制排放时,需要综合考虑影响上述三者的主要因素,选取合适的气动热力参数,特别是主燃区参数的控制。

图 6-17 所示为 $NO_x$ 与 CO 排放和燃烧室主燃区参数间的关系,包括主燃区温度和当量比参数对 CO 和 $NO_x$ 的影响规律。

从图 6-17(a)图可以看出,当主燃区温度从 1 500 K 升高到 2 000 K 以上时,CO 含量先逐渐变少,且开始时降低很快,到温度为 1 700~1 800 K 后,趋势变慢,曲线变得平缓,而当温度提高到 2 000 K 以上,CO 含量又有所增加,这和 $CO_2$ 在高温下的离解有关;而同时 $NO_x$ 一直在增加,且变化斜率有变大的趋势。当温度处于 1 700~1 900 K 之间时,CO 和 $NO_x$ 都比较小。

从图 6-17(b)图可以看出,随着主燃区当量比从贫油(如 $\phi=0.6$)增加到 $\phi=1$ 时,主燃区温度变高,燃烧效率增加,相应的 CO 变少,而 $NO_x$ 增加;到 $\phi=1$ 附近时,CO 和 $NO_x$ 分别达到最小值和最高值。若主燃区的油当量比继续升高,此时主燃区内变为富油,燃烧变得不充分,温度下降,CO 增加,而 $NO_x$ 减少。另外,从图中可以看出,燃烧室主燃区存在两个较好的油当量比,使 CO 和 $NO_x$ 都比较低,一个处于油当量比为 0.6~0.8 的贫油区,另外一个是油当量比为 1.3~1.5 的富油区

图 6-17(a)、图 6-17(b)所示实际上是表征主燃区参数的两种方法,当油当量比 $\phi$ 从贫油增加到恰当比,或从富油降低至恰当比,温度都会从低温变到高温。图 6-17(b)所示的两个排放较低的油当量比区域也与图 6-17(a)所示的主燃区温度为 1 700~1 800 K 的区域是对应的。

### 6.6.3 低排放燃烧技术和低排放燃烧室

从 6.6.1 和 6.6.2 小节的介绍可以得出,燃烧室污染物排放量主要取决于以下因素:燃烧区温度与当量比、燃烧区的驻留时间、主燃区燃烧的均匀程度、火焰筒壁面冷却气的淬熄以及雾化特性等。

在所有影响污染物排放量的因素中,关键的因素是燃烧区的温度。从图 6-17 中可以看出,CO 主要在 1 700 K 以下形成,而 $NO_x$ 主要在 1 850 K 以上形成。由此可知,如把主燃区温度保持在 1 700~1 850 K 之间,就有可能同时使 CO 和 $NO_x$ 的排放量较低。另外,从当量

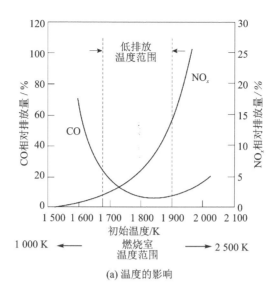

(a) 温度的影响

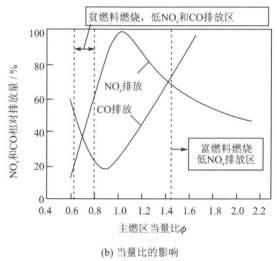

(b) 当量比的影响

图 6-17 排放与主燃区参数间的关系

比的角度考虑，$NO_x$ 主要有两个低排放区域，当量比在 0.6~0.8 的贫油燃烧区和当量比大于 1.4 的富油燃烧区。在当量比为 0.6~0.8 的贫油燃烧区内，CO 排放量也相对较低。而实际上，当量比的大小与主燃区的温度是一一对应的。

基于上述分析，目前低排放燃烧技术的基本思想就是使燃烧区当量比落在上述两个区间，并实现尽可能均匀的燃烧以减少局部热点，具体包括贫油预混预蒸发(Lean Premixed Prevaporized, LPP)燃烧技术、富油燃烧/快速淬熄/贫油(Rich Quench Lean, RQL)燃烧技术等。

**1. 贫油预混预蒸发(LPP)燃烧技术**

LPP 低排放燃烧技术的主要思想是把主燃区的油当量比设在 0.6~0.8，且形成尽可能均匀的油气混合气。LPP 燃烧技术可以减小 $NO_x$、CO 和 UHC 的排放量，避免积碳的形成和改善出口温度场品质。

GE 公司从 20 世纪 80 年代以来研制了多型 LPP 低排放燃烧室(见图 6-18),其中双环预混旋流燃烧室(Twin Annular Premixing Swirler,TAPS)是一种性能优越的低排放燃烧室(见图 6-19)。TAPS 燃烧室由一个中心扩散燃烧的值班级和外围同心贫油预混燃烧的主燃级组成。值班级的作用是启动、稳定火焰及维持油气在低工况下燃烧;而主燃级采用贫油预混燃烧,在保持油气高燃烧效率的同时降低 $NO_x$ 的排放。TAPS 燃烧室发展了三代并成功应用于各型发动机中,原型 TAPS 在 2000 年前后用于 CFM56 发动机,其 $NO_x$ 排放量相对于 DAC 燃烧室低了 22%,CAEP2 低 70% 左右。TAPS I 用于 GEnx 系列发动机上,并已装备到波音 787 和波音 747-8 两款飞机上,其 $NO_x$ 排放与 CAEP6 标准相比有 50% 以上的裕度;TAPS II 主要用于 LEAP 发动机上。

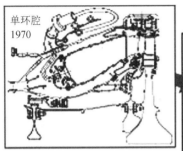
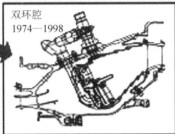
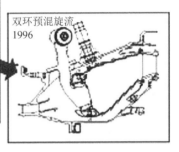

- 单环腔燃烧室
- 富油燃烧
- 考核性能
- 目前还大量使用

- 双环腔燃烧室
- 径向分级,大工况贫油
- 设计挑战
  — 低工况出口温度分布与排放
  — 燃油燃烧与稳定性
  — 相对于单环腔的成本与重量

- 双环预混旋流
- 预混降低$NO_x$
- 增强燃油喷射降低HC
- 旋流器内分级
- 所有工况出口温度分布均匀

图 6-18 GE 各种低排放燃烧室

**2. RQL 低排放燃烧技术**

RQL 低排放燃烧技术的基本原理如图 6-20 所示。首先,过量的燃油供入燃烧区,在主燃区形成富油混合气,燃烧时,燃烧区温度和含氧量较低,$NO_x$ 生成困难;紧接着在富油燃烧区大量新鲜空气快速供入火焰筒,与富油燃烧产物快速混合,使油气混合物的油当量比从富油区快速跃过 $\phi=1$ 附近的区域,直至形成 $\phi=0.6\sim0.8$ 的贫油混合气,该过程的时间很短,混合气来不及在 $\phi=1$ 附近燃烧,从而避免产生高温区,也避开了 $NO_x$ 大量生成的当量比区域。将这个燃气与新鲜空气混合的区域称为快速混合区,在该快速混合区及下游,混合气在较低当量比下进行贫油燃烧,称之为贫油燃烧区。

图 6-19 TAPS 燃烧室方案

20 世纪 90 年代,美国普·惠(Pratt & Whitney,P&W)公司基于 RQL 低排放燃烧技术

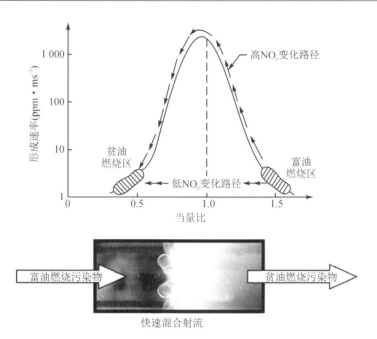

图 6-20 RQL 原理

发展了 TALON(Technology for Advanced Low $NO_x$)燃烧室,如图 6-21 所示。目前,已发展了多代 TALON 燃烧室,并装备在包括 PW4098、PW6000 和 8000 等在内的多型发动机中。

图 6-21 TALON Ⅲ 燃烧室

## 思考题

1. 简述燃烧过程中的油气分布特性及燃烧过程。
2. 简述总压损失系数、流阻系数和流动综合参数间存在什么的关系?
3. 简述燃烧室油气比、气动热力参数是如何影响燃烧效率的。
4. 简述燃烧室中点/熄火特性曲线的变化规律。
5. 排放特性曲线及排放抑制技术有哪些?
6. 分析提高燃烧性能(燃烧效率、点熄火、出口温度场和排放等)的方法。

# 第 7 章 加力燃烧室概述

## 7.1 加力燃烧室工作原理

加力燃烧室是增加军用航空发动机推力的重要部件,可以在中间状态推力的基础上提高推力 30%～50%以上。

早在 1944 年,德国使用 JUMO-004E 发动机完成了加力燃烧室实验,是涡喷发动机开始使用加力燃烧室增推的重要标志,到 20 世纪 60 年代中期用于涡扇发动机的加力燃烧室投入使用。

涡扇发动机加力燃烧室在发动机中的位置如图 7-1(a)中虚线所示,其包括内外两个涵道,其中内涵道进口与涡轮相连,外涵道进口与风扇相连;加力燃烧室出口和喷管相连。各截面的划分和标识如图 7-1(b)所示,内涵道沿流向分别为:加力燃烧室内涵道进口(标为 6),对应位置处的外涵道(标为 16),混合扩压器出口(标为 65),加力燃烧室出口(标为 7)。

(a) 典型加力涡扇发动机的结构

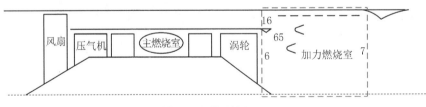

(b) 加力燃烧室的截面划分

**图 7-1 加力燃烧室在涡扇发动机中的位置**

典型涡扇加力燃烧室结构和组件如图 7-2 所示,加力燃烧室包括内外涵道、混合扩压器、供油系统、火焰稳定系统和防振隔热屏等组件。空气分别经内、外两个涵道进入加力燃烧室(内涵道中为高温燃气,外涵道中为低温的纯空气),两者混合后与喷入的燃油进行掺混燃烧;加力燃烧室的供油一般采用直射式喷嘴,并根据需要,设置了分区和分压两种供油模式。在燃烧区布置的火焰稳定器组承担点火、火焰稳定和高效燃烧的功能。稳定器组一般包括值班稳定器和主流稳定器两部分。值班稳定器用于软点火和火焰稳定,主流稳定器除辅助稳定火焰外,还承担引燃并支持主流燃烧的功能。防振隔热屏包含防振屏和隔热屏两部分,防振屏主要用于削弱压力和释热引起的振荡燃烧;隔热屏的主要功能是保护壁面免受高温燃气的侵蚀破坏。

加力燃烧室工作时,内外涵道两股气流首先通过混合扩压器混合并减速增压后,与供入的燃油在稳定器前进行混合,形成部分预蒸发预混合的油气混合气在稳定器后进行燃烧。燃烧时,稳定器为值班燃烧区,用于实现火焰稳定并支撑主流通道油气混合气的高效燃烧。

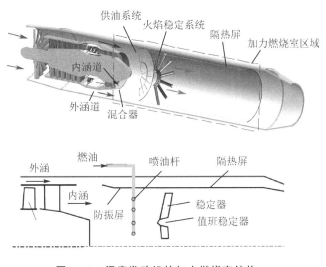

图 7-2 涡扇发动机的加力燃烧室结构

## 7.2 加力燃烧室性能参数

表征加力燃烧室性能的参数主要包括进口气动热力参数和加力燃烧室性能表征参数两大类。

### 7.2.1 进口气动热力参数和油气参数

进口气动热力参数包括:内、外涵道进口参数,内、外涵道参数比,内、外涵混合后的参数。

内、外涵道进口气动热力参数包括总静温($T_t$,$T_s$)、总静压($p_t$,$p_s$)、马赫数($Ma$)或速度系数($\lambda$)、含氧量等,其中内涵道进口参数用下标 61 表示,外涵道用下标 161 表示,如 $T_{t161}/T_{t61}$,$p_{t161}/p_{t61}$,$\lambda_{161}/\lambda_{61}$,$w_{a161}/w_{g61}$。

内、外涵道气动热力参数比主要反映内、外涵气流混合前的温度比、压力比、速度比和流量比等,此时内、外涵道下标分别为 64 和 164,如 $T_{t164}/T_{t64}$,$p_{t164}/p_{t64}$,$\lambda_{164}/\lambda_{64}$,$w_{a164}/w_{g64}$。

内、外涵气流混合后,在稳定器前的气动热力参数通过下标 65 表示,同样包括总静温($T_t$,$T_s$)、总静压($p_t$,$p_s$)、速度系数($\lambda$)和含氧量。

油气参数主要表征加力燃烧室内总的油气比,具体可以用余气系数、油气比和油气当量比表示,各参数的定义与第 1 章中一样,只不过用下标 ab 表示加力燃烧室,如油气比 $FAR_{ab}$、余气系数 $\alpha_{ab}$ 和油气当量比 $\Phi_{ab}$。需要注意的是,由于进入加力燃烧室的是经主燃烧室燃烧过的燃气和外涵空气的混合气,其含氧量低于纯空气,因而在计算油气情况时需要考虑实际用于燃烧的氧气含量。

除了上述单一参数外,加力燃烧室中还会用一些量纲为 1 的参数,用来考察加力燃烧室的性能:

(1) 燃烧效率相似参数($\theta_{ab}$)

$$\theta_{ab} = C_1 \frac{p_{66}^{1.4} e^{T_{66}/1\,000}}{w_{g65} \bar{L}} \tag{7-1}$$

式中,下标 66 指稳定器后缘截面处对应的参数;下标 65 指稳定器前对应的参数;$C_1$ 为常数,当压力以 kPa 为单位时,$C_1 = 0.030\,4$;$\bar{L}$ 为加力燃烧室的结构综合参数,反映了火焰稳定器至火焰前锋交汇点距离与加力燃烧室的长度之比。

其中

$$\bar{L} = \frac{(1-\varepsilon)A_{65}/L_{FH}}{L_{AB}} \tag{7-2}$$

(2) 稳定性参数 $K_{st}$

$$K_{st} = \frac{p_{SFH} T_t W}{V_{FH}} \tag{7-3}$$

式中,$p_{SFH}$ 为稳定器后缘处的静压;$T_t$ 为稳定器前的总温;$W$ 为稳定器的槽宽;$V_{FH}$ 为稳定器后缘处的流速。

## 7.2.2 加力燃烧室性能参数

加力燃烧室的性能主要包括流动损失、燃烧效率、点/熄火极限和振荡燃烧等。表征加力燃烧室流动损失的参数主要包括总压恢复系数 $\sigma_{ab}$、总压损失系数 $\zeta_{ab}$ 和流阻系数 $\xi_{ab}$ 三个性能参数,下标 ab 表示加力燃烧室,各参数的定义式和内涵都与主燃烧室相同,在此不再赘述。

燃烧效率指工质实际获得的能量与燃料化学能的比值。计算燃烧效率时也采用热焓法和燃气分析法。不过与主燃烧室不同的是,由于加力燃烧室进口气体是经主燃烧室燃烧后的燃气,其中含有未燃烧完全的油气,成分与纯空气不同,因而在计算时需要考虑上述因素带来的影响。

(1) 热焓法

采用热焓法计算的燃烧效率定义为燃烧过程中工质的进、出口焓增量与燃油能够提供的总能量的比值,即

$$\eta_{ab} = \frac{f_6(iT_7 - iT_6) + C_p T_7 - C_p T_6 + f_{ab}(iT_7 - iT_0)}{f_{ab} H_\mu} \tag{7-3}$$

式中,$f_6$、$f_{ab}$ 分别为燃烧室进口截面的平均油气比和加力燃烧室的供油油气比;$C_p T_6$、$C_p T_7$ 分别为加力燃烧室进、出口截面平均温度为 $T_6$ 和 $T_7$ 的空气焓;$iT_7$、$iT_6$、$iT_0$ 分别表示温度为 $T_7$、$T_6$ 和 288.16 K 的等温燃烧焓差;$H_\mu$ 为燃料燃烧的低热值。

(2) 燃气分析法

计算时首先算出燃料完全燃烧时的理论放热量与实际燃烧产物中残存的可燃成分所包含的化学能的差值,该值与理论放热量的比即是燃烧效率。

对于航空煤油,可以用下式来计算燃烧效率:

$$\eta_{ab} = \frac{[CO_2] + 0.531[CO] - 0.319[CH_4] - 0.397[H_2]}{[CO_2] + [CO] + [UHC]} \quad (7-4)$$

式中,UHC 为产物中除 $CH_4$ 之外的未燃碳氢化合物,各组分浓度都为容积浓度。

根据不同的工作状态,加力燃烧室的燃烧效率有所差异,一般在全加力状态要求燃烧效率不低于 90%,除此之外,不同进口压力下对效率的要求也不一样,进口压力为常压以上时,希望燃烧效率高于 90%;在负压进口(低于标准大气压)时希望燃烧效率不低于 85%。

**3. 点/熄火性能**

加力燃烧室的点/熄火性能一般指火焰稳定器(特别是值班稳定器)的点/熄火性能。

涡扇加力燃烧室往往采用软点火的方式,即先点燃值班稳定器后的油气混合物,而后再引燃主稳定器及主流油气混合物,以避免压力脉动过大,影响风扇的正常运行。

熄火包括贫油熄火和富油熄火两种情况。贫油熄火是指供入燃料过少导致的熄火,而富油熄火则正好相反。

考察点/熄火性能都可通过计算处于点/熄火极限时的油气比来表征,即

$$\text{点火油气比:} FAR_{Ig} = \frac{w_f}{w_a} \quad (7-5)$$

$$\text{贫油熄火油气比:} FAR_{LBC} = \frac{w_f}{w_a} \quad (7-6)$$

目前典型加力燃烧室的气动参数和性能为:扩压器进口马赫数为 0.4~0.6,火焰稳定器前的马赫数为 0.1~0.35(对应的速度约为 60~150 m/s),进口温度为 500~1 200 K,进口压力为 0.04~0.5 MPa。另外由于内涵道进入的是燃气,故与外涵进口的空气掺混后氧气的质量浓度在 10%~20%。性能上一般要求在典型工况下,热态总压损失不大于 8%,燃烧效率不低于 90%,熄火油气比不高于 0.003,同时要求点火脉动压力不高于进口压力的 5%。

## 7.3 混合扩压器

混合扩压器是加力燃烧室最前端的组件,包含了扩压器和混合器两个组件,如图 7-3 所示,扩压器与内涵道相连,功能是降低加力燃烧室内涵道燃气的流动速度,速度系数从加力燃烧室进口的 0.4~0.6 降到稳定器前的 0.2 上下。混合器装在内、外涵道气流的交汇处,主要功能是混合内、外涵道不同压力、温度、速度的气流,在一定程度上改善加力燃烧室进口的流场。混合器只出现在涡扇发动机,而扩压器无论是涡喷发动机还是涡扇发动机都需要。由于扩压器和混合器之间的气流流动相互联系紧密,因而常将两者合在一起统称为混合扩压器。

加力燃烧室的扩压器通常采用曲壁气动扩压器,其功能也是减速增压。但不同于主燃烧室气动扩压器的两边扩张比基本相同,加力燃烧室的扩压器往往单边扩张或内外两边差别很大,主要朝着中心线方向扩张,内外涵道之间的壁面往往是平直流道或小扩张比的通道,因而总体看加力燃烧室扩压器是一个非对称的曲壁气动扩压器,其流场特性与常规扩压器一样,会出现 5 种流态。另外,加力燃烧室为了缩短长度,后锥有时采用截锥的方式,此时,扩压器出口是一个突扩区,会在后面形成一个分离涡,类似突扩扩压器中突扩区的流场。

混合器通常应用于涡扇发动机加力燃烧室,从 20 世纪 50 年代以来,混合器出现了多种形

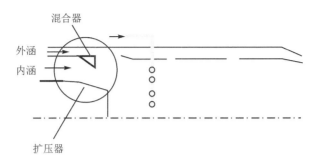

图 7-3 混合扩压器

式,目前得到实际应用的类型主要包括环形混合器、漏斗混合器、波瓣混合器和指形混合器。

**1. 环形混合器**

环形混合器又称平行混合器,属于非强迫式混合器,它由一圈简单环面组成(见图 7-4 中的合流环),主要依靠内外涵两股同轴平行射流的湍流剪切来实现掺混,具有结构简单、重量轻和气动损失小等优点,但由于内外涵为平行进气,两股气流之间的混合效果差,因而往往用于小涵道比(如涵道比小于 0.3)的涡扇发动机中,同时还要与稳定器进行综合设计,以实现内外涵相对独立的燃烧。采用环形混合器的有 F100、F119、F414 等多型发动机。

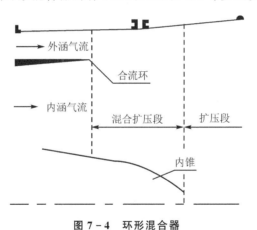

图 7-4 环形混合器

除此之外,在环形混合器的基础上,通过在出口处设置锯齿,可构成锯齿冠状环形混合器,如图 7-5 所示。研究表明,锯齿结构下游可以诱导产生流向涡,在一定程度上增强内外涵道气流间的掺混效果。

**2. 漏斗形混合器**

漏斗形混合器(也简称为漏斗混合器)属于强迫式混合器,由多个插入内涵的漏斗组成(见图 7-6),外涵气流通过漏斗以一定的角度进入内涵,使部分外涵气流和内涵燃气直接掺混。这种混合器使内外涵气流在较短的长度内得到充分混合,但其压力损失大,结构也相对复杂。采用漏斗形混合器的有 MK202、WS6 等多型发动机。

图 7-5　锯齿冠状混合器

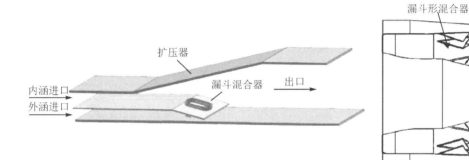

图 7-6　漏斗形混合器

### 3. 波瓣混合器

波瓣混合器又称菊花形混合器，也属于强迫式混合器，是一种带波瓣尾缘的混合装置（见图 7-7）。波瓣混合器通过上下交错排布的花瓣产生大尺度的流向涡，促使高温内涵燃气与低温外涵空气在较短长度内实现高效掺混，其流场具有明显的三维表面轮廓结构特征。但由于内外涵掺混强度大，波瓣混合器的流动损失增大，总压恢复系数降低，同时结构复杂，加工要求高。波瓣混合器广泛应用于涡扇发动机加力燃烧室，特别是涵道比大于 0.5 的发动机中，如 F110、Ал-31ф 等发动机。

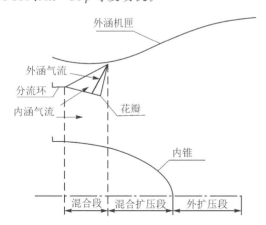

图 7-7　波瓣混合器示意图和实物照片

#### 4. 指形混合器

指形混合器也属于强迫式混合器,主要用于小涵道涡扇发动机加力燃烧室,基本特点是以近似垂直的角度分别在内外涵道布置指形槽道(见图 7-8),这些指形槽道与径向稳定器功能合一,既可以把一部分内外涵气流向中间引导,又可以作为火焰稳定器承担火焰稳定和火焰传播的功能。这类混合器从气动角度上看,是波瓣混合器的一种发展,而从燃烧组织角度看,兼有漏斗形、环形和波瓣形三种混合器的特点。图 7-8 可以看出,稳定器布置在合流环处,缩短了燃烧室的轴向尺寸,且结构简单。这类混合器适用于小涵道比、合流环处已实行减速增压的发动机。指形混合器已在 RB119、EJ200 和 M88-2 等发动机中得到应用。

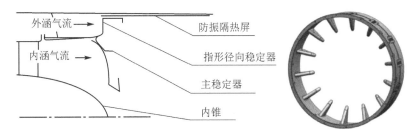

图 7-8 指形混合器

## 7.4 火焰稳定器

加力燃烧室内涵进口气流速度高达 350~500 m/s,经过扩压后气流速度仍可高达 80~180 m/s,而火焰在气流中的传播速度一般不超过 10 m/s。因此,在加力燃烧室中依靠火焰自身的传播速度是无法实现稳定和高效燃烧的。

加力燃烧室通常采用火焰稳定器实现火焰稳定和高效燃烧。由稳定器形成一个稳定的充满高温已燃气流的回流区作为点火源,点燃周围的新鲜可燃混气,并将火焰扩张到全部可燃混气中去,使加力燃烧室在工作包线内都能够实现稳定燃烧。

综合火焰稳定器的研制历史、应用情况和技术发展,火焰稳定器主要包括以下几个类别:
① 非流线体火焰稳定器,主要为钝体类的稳定器和沙丘稳定器等。
② 非钝体类火焰稳定器,包括凹腔稳定器、台阶稳定器、旋流稳定器等。
③ 气动或射流稳定器,通过高速空气或燃料射流,构造出低速或回流区,实现火焰稳定。

另外,火焰稳定器还可以分为值班稳定器和主流稳定器两大类,值班稳定器用于实现软点火和保证低压低温下良好的点/熄火性能,主流稳定器往往采用结构简单、损失小的构型,而其点/熄火主要依靠值班稳定器加以实现。除此之外,随着加力燃烧室参数和性能要求的提高,出现了带冷却的稳定器、与供油耦合的稳定器等。

### 7.4.1 非流线体火焰稳定器

#### 1. V 形稳定器

V 形稳定器是加力燃烧室中最常见和被广泛应用的一类稳定器,其结构简单、重量轻、技术成熟。

V形稳定器的基本结构和实物如图7-9所示,其结构参数主要包括槽宽 $W$、长度 $H$、壁面倾角 $\alpha$、顶部半径 $R$ 等。

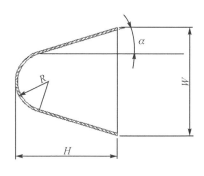

图7-9　V形稳定器结构和实物

V形稳定器后的流场是典型的回流流场(见图7-10),流场特性、火焰稳定原理等在第2章已进行介绍,在此不作赘述。

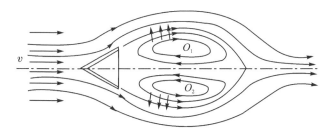

图7-10　V形稳定器流场结构

**2. 沙丘驻涡火焰稳定器**

沙丘驻涡火焰稳定器(见图7-11)呈现沙丘的流线型形态,从横截面看由类似两个牛角拼装而成。由于牛角形状的拱形效应和涡管尖端发散造成的抽气作用,使稳定器后的回流区非常稳定,具有极强的抗干扰性能,且流动损失低。研究表明,相同堵塞比条件下,相比于

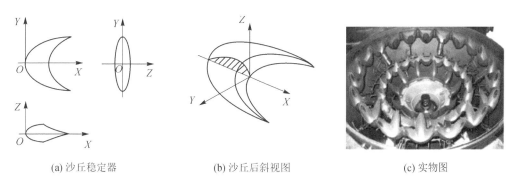

(a) 沙丘稳定器　　　　(b) 沙丘后斜视图　　　　(c) 实物图

图7-11　沙丘驻涡稳定器

V形稳定器沙丘驻涡稳定器的阻力下降75%～80%,贫油熄火极限扩展4～5倍。该稳定器已在涡喷6A、涡喷7E等发动机中得到应用。

### 3. 钝体类值班火焰稳定器

对于涡扇发动机加力燃烧室,为避免点火时压力脉动对风扇的正常工作产生影响,加力燃烧室需要采用"软点火",以保证点火时的压力脉动控制在一定幅值内。同时,内外涵两股气流混合后,由于外涵空气温度远低于内涵来流的温度,且稳定器前混合气的温度下降较多,结合内外涵混合气会在稳定器前形成非均匀的速度场和温度场,这都会对加力燃烧室的点/熄火特性提出更高的要求。除此之外,普通V形稳定器在低温条件下火焰稳定性差,工作范围窄,很难满足不断提高的高空左边界火焰稳定性能的要求。从V形稳定器自身流动和燃烧特性看,回流区的流场形态、油气比、燃气温度等随主流参数的改变而变化,不能单独控制,燃烧不易稳定。值班稳定器正是在上述背景下提出的。

蒸发槽火焰稳定器是最常见的一类值班稳定器,是在V形稳定器的基础上,在其顶部开设进气槽缝和增加蒸发管,实现稳定器内单独的供油、供气和独立的油气调控,保证无论主流条件如何恶劣,总能在稳定器中保持适当的油气比,实现各种工况下的成功点燃和火焰稳定。图7-12所示为一种蒸发槽稳定器的结构和实物。

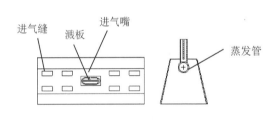

**图7-12 蒸发槽火焰稳定器的结构和实物**

这类稳定器采用了单独的供油、供气通道,气流从进气嘴进入蒸发管,燃油通过直射式喷嘴供入,燃油与进气嘴进入的燃气边混合边进入蒸发管。蒸发管上开设多个出流孔,油气混合气从中出来后,与从稳定器前部进气缝流入的空气混合,形成合适油气比的可燃混合气。图7-13所示为蒸发槽稳定器典型的流场结构,在稳定器下游存在前后两对涡(主涡和副涡),副涡位于稳定器内部,主要由进气缝和蒸发管进入的气流形成,主涡由主流形成,两对涡之间存在一定的耦合关系。副涡受主流的影响小,回流区稳定,且燃油也单独供入,因而能够获得极好的点/熄火性能,贫油熄火的极限油气比往往比V形稳定器低一个数量级。

斯贝和AЛ-31Ф发动机的加力燃烧室值班火焰稳定器采用了蒸发式稳定器,虽然结构上与前面介绍的稳定器略有差异,但构成、流动和燃烧组织模式都一样,图7-14所示为斯贝发动机蒸发式稳定器的结构。

第二类比较常用的钝体类值班火焰稳定器是薄膜蒸发稳定器,也称为引燃式稳定器,主要由内外V形稳定器、进气管和喷油杆等结构组成。由内外V形稳定器之间形成缝隙,局部燃油通过喷油杆上的小孔喷入进气管内,在内稳定器外壁和外稳定器内壁上形成油膜。油膜吸热、蒸发后可与从进气管进入的空气掺混,从稳定器后缘间隙排出,通过湍流交换进入回流区,

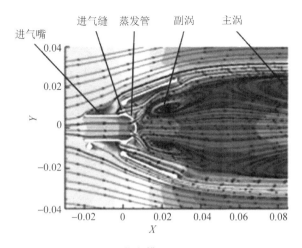

图 7 – 13　蒸发槽稳定器流场结构

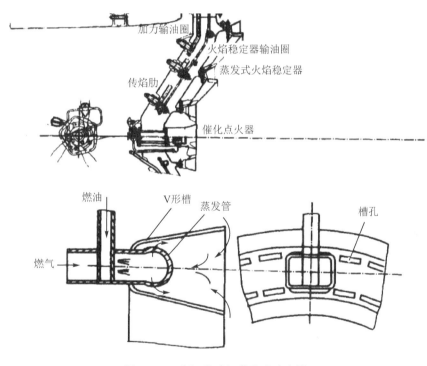

图 7 – 14　斯贝发动机蒸发式稳定器

使回流区中的混合气接近化学恰当比,从而实现可靠点火和火焰稳定。薄膜蒸发稳定器的结构如图 7 – 15 所示。

薄膜蒸发稳定器与蒸发槽稳定器的流场类似,在内 V 形稳定器后有一对副涡,并在其中构成了一个独立的小燃烧区,通过控制其流量和油气比,能够获得良好的燃烧性能,总体来看,薄膜蒸发稳定器的性能主要取决于内 V 形稳定器。美国 J85 和 F100 发动机的值班火焰稳定器都采用了类似原理,如图 7 – 16 所示。

与常规 V 形稳定器相比,值班稳定器具有以下性能优点:

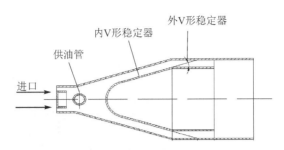

图 7-15 薄膜蒸发型火焰稳定器的结构

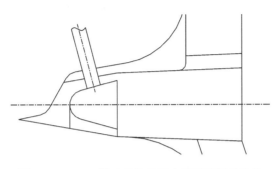

图 7-16 F100 发动机的值班火焰稳定器的结构

① 低温低压下火焰稳定器的工作范围较宽。试验结果表明：油气比在 0.001～0.06 范围内均能稳定燃烧，在 40～50 kPa 的压力下仍能保持宽广的稳定范围。

② 燃烧效率高，可有效缩短燃烧段长度。

③ 有助于降低小加力状态推力，将引燃燃油作为小加力区，可以把小加力状态推力降到很小，还可减小点火对主机造成的扰动。

值班稳定器的缺点是结构复杂、尺寸大、重量重、阻力大，阻力系数约为同堵塞比的 V 形稳定器的 1.5 倍。

除此之外，在火焰稳定器的发展历史中，还研制过双 V 形稳定器、吸入式稳定器和尾缘吹气式火焰稳定器等。

## 7.4.2 非钝体类火焰稳定器

除了上述介绍的钝体类火焰稳定器外，还有多种非钝体类的火焰稳定器，主要包括台阶、驻涡凹腔和旋流等稳定器。

台阶稳定器的原理如图 7-17 所示，此类稳定器有时也称为壁式稳定器。该稳定器通过台阶构建出回流区，然后在其中供入燃油形成合适的油气比，加力燃烧室往往把其作为值班稳定器。F110-GE-132 发动机的加力燃烧室就采取了类似的结构，即在径向稳定器的外端后方配置 1 个环形的壁式火焰稳定器作为值班稳定器，以实现点火和传焰的功能，如图 7-18 所示。

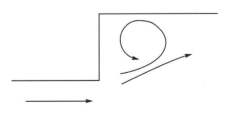

图 7-17 台阶稳定器原理

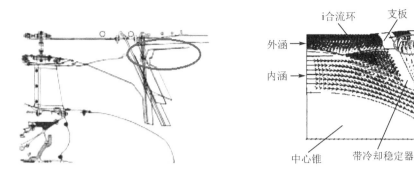

图 7-18 F110-GE-132 稳定器

驻涡凹腔-支板一体体化火焰稳定器,如图 7-19 所示,主要包括驻涡凹腔值班稳定器、径向支板和值班供油等组件。其基本工作原理是通过在凹腔中供入适量的空气以形成稳定的回流区,同时供入燃油,形成良好的油气混合气,点燃后形成稳定的火焰;凹腔内的高温燃气传向径向支板,用于支持主流的燃烧。驻涡凹腔值班稳定器根据进气方式不同,凹腔内的流场形态可以是单涡结构,也可以是双涡结构,另外该稳定器既可布置在外壁面,也可以布置在中心锥上。

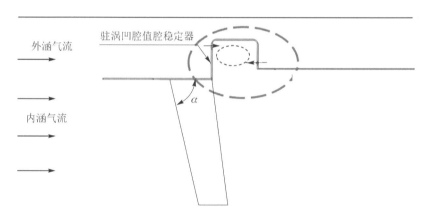

图 7-19 驻涡凹腔-支板一体化稳定器

旋流装置从 20 世纪 60 年代起开始研究,一般作为主流稳定器,其功能主要是强化主流油气掺混,增加驻留时间。图 7-20 所示为 20 世纪 70 年代美国普·惠公司提出的一型旋流加力燃烧室的结构。从研究结果上看在总压损失与常规稳定器相当的前提下,可以获得更高的燃烧效率或大幅减少加力燃烧室长度。

## 7.4.3 气动火焰稳定器

气动火焰稳定器是从尽可能减少非加力状态损失的基础上提出的,稳定器工作原理如图 7-21 所示,在加力状态下,采用气体射流来生成稳定火焰的回流区,而非加力状态时则关闭射流,这样可以大幅度减小流体损失。法国的"阿塔"发动机采用了类似的稳定器,它通过专用管道从压气机抽气,经喷嘴将高压空气喷进加力燃烧室,与主气流相遇形成非流线型的气柱来稳定火焰。

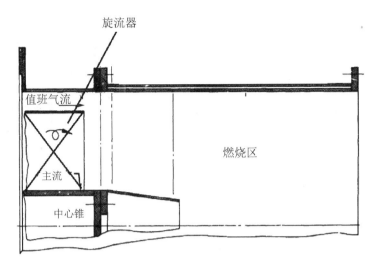

图 7-20 旋流稳定器的结构

气动火焰稳定器的突出优点是：可以根据不同的工作状态控制供气量，形成合适的气柱来稳定火焰，并有利于消除振荡燃烧，并有效减小加力燃烧室不工作时所造成的压力损失。其缺点是：需要从压气机中引气，降低了发动机的推力；且控制系统复杂，这也是目前气动稳定器尚未广泛应用的原因之一。

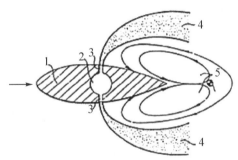

1—稳定器；2—高压空气空间；3—射流通道；
4—高压空气射流区；5—回流区

图 7-21 气动火焰稳定器工作原理

## 7.4.4 稳定器布局

在加力燃烧室稳定器具体布置时，一般都会包括一圈值班稳定器和若干组主流稳定器。值班稳定器往往沿环形布置，在燃烧室合适直径处绕成一圈。根据主流稳定器的不同布局，可以将其分为 3 类：环形布置、径向布置、环形与径向混合布置。

环形布置是指所有的稳定器，包括值班稳定器和主流稳定器都沿周向布置，如图 7-22(a)所示，各圈稳定器间用传焰槽相连；径向布置是指在环形值班稳定器两边或单边布置径向主流稳定器，如图 7-22(b)所示；环形与径向混合布置指主流稳定器中既包含环形，又包括径向稳定器，如图 7-22(c)所示。

选取何种布置方式与加力燃烧室进口流场分布密切相关。对于涡扇发动机加力燃烧室，

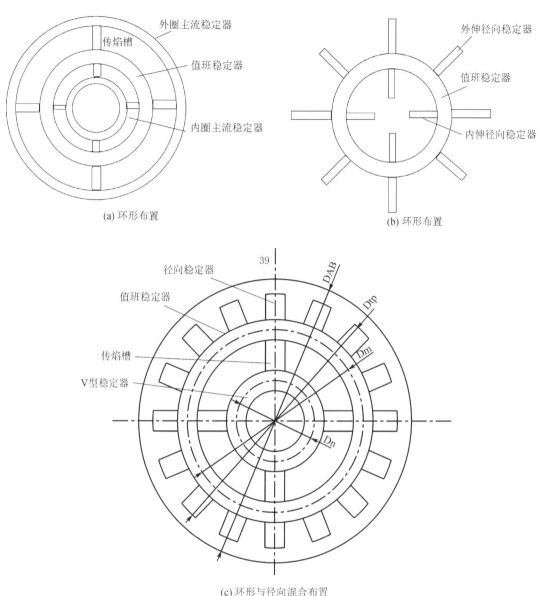

(c) 环形与径向混合布置

图 7-22 加力燃烧室稳定器布置方式

其进口流场往往是不均匀的,若加力燃烧室采用环形布置,有可能出现油气分布不均的情况,从而导致加力燃烧室的点/熄火性能变差,因而目前加力燃烧室往往采用径向布置或环形与径向混合布置方式。

图 7-23 所示为 EJ200 发动机加力燃烧室采用的外圈环形与多根内伸径向稳定器的组合方案。F100 发动机平行进气加力燃烧室同样采用了环形主稳定器和径向火焰稳定器的组成方案。环形主稳定器位于内涵高温气流中,以建立稳定点火源,主流稳定器的内外都是径向稳定器。

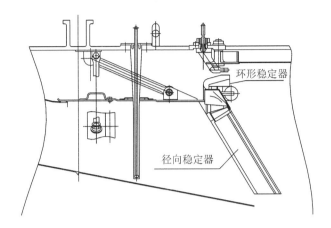

图 7-23　EJ200 发动机加力燃烧室环-径向组合稳定器的结构

## 7.5　燃油喷射系统

加力燃烧室燃油喷射系统的功能是把燃油按要求供入燃烧室合适的区域中,与来流燃气或空气混合,形成接近化学恰当比的可燃混合气,实现高效燃烧。

从 20 世纪以来,加力燃烧室燃油喷射系统的形式基本保持不变,燃油喷射系统位于火焰稳定器前面,采用环形总管配装径向喷油杆的形式,如图 7-24 所示。喷油杆(见图 7-25)上方开有若干喷油孔,孔径一般在 0.4~1 mm,构成直射式喷嘴。燃油从小孔出来后,与燃烧室内高速燃气或空气混合形成可燃混合气。

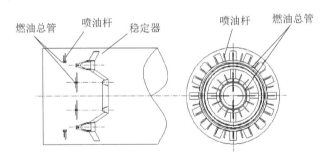

图 7-24　加力燃烧室燃油喷射系统

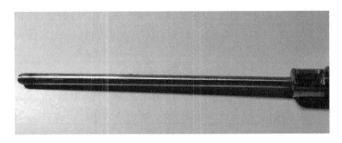

图 7-25　喷油杆

加力燃烧室燃油喷射系统一般采用分区供油的方式以满足加力比和点/熄火油气比的具体要求。每个区都与特定的加力比对应；供油时，对每个区而言，油气比都设置在恰当比附近，这有助于加快燃烧速率，提高燃烧效率；对于点/熄火而言，若采用了值班稳定器，往往针对值班稳定器设置专门的独立供油油路，保证值班稳定器内的局部油气比处于最佳状态，提升点/熄火性能；若没有设置值班稳定器，也可以针对某一组主流稳定器设置专门的供油油路，用于实现合适的点/熄火油气比。图 7-26 中的供油模式设置了两个区和值班稳定器的独立供油。工作时，在小加力比时，只有Ⅰ区工作；而全加力比时，Ⅰ、Ⅱ两个区同时工作。有时，值班稳定器的独立供油油路不仅承担点/熄火功能，也会用于小加力的供油或一部分供油。

此外，加力燃烧室有时也会采用分压供油模式，该模式主要解决同一加力比下，飞机高低空飞行时供油量变化超过油泵能力的问题。具体措施是设置主、副油路，在供油量小时，只有副油路供油；而供油量大时，主、副油路同时供油，如图 7-26 所示。

随着加力燃烧室进口气动参数（特别是进口温度）的不断增高（超过 1 100 K），考虑到燃油自燃和喷油杆及稳定器的冷却等突出问题，加力燃油喷射系统由位于稳定器前面逐步发展到与稳定器耦合在一起的模式，如图 7-27 所示。

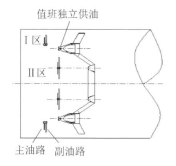

**图 7-26　一种加力供油模式**

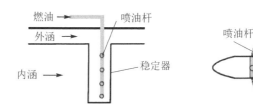

**图 7-27　燃油喷射系统与稳定器一体化模式**

但无论采用哪种供油方式，加力燃烧室燃油喷射系统的性能参数都包括供油量、雾化粒径、雾化锥角、穿透深度、燃油空间分布和蒸发率等。

加力燃烧室供油量包括 3 个方面的内容：
① 分别针对点/熄火和加力比的情况所设定的独立供油量和各区的供油量；
② 供油规律及相应的控制策略；
③ 分区或分压切换时所采用的模式，以尽可能实现燃油流量的平滑变化。

燃油穿透深度是供油中一个非常重要的特性，直接关系到燃油的空间分布和浓度场，也决定了燃油雾化和油气掺混程度。燃油穿透深度主要取决于燃油动量与外界空气动量间的比值。

## 思考题

1. 简述加力燃烧室性能参数与主燃烧室性能参数的异同点。
2. 简述混合扩压器的功能、类型及差异。
3. 简述加力燃烧室稳定器的功能、类型及特点。
4. 简述燃油喷射系统的组成及特点。

# 第8章 燃烧室热防护

本章主要讨论航空发动机主燃烧室火焰筒的热防护问题,同时简单介绍加力燃烧室隔热屏和燃油喷嘴的热防护措施和技术。

## 8.1 主燃烧室热防护重要性概述

燃烧室头部和火焰筒的基本功能是组织和控制燃油在燃烧室内的燃烧。为了实现这些功能,燃烧室头部和火焰筒不仅要有足够的强度来承载高速气体带来的气动载荷,还要在高温高压的恶劣工作环境下保证其具有一定的可靠性和耐久性。

与发动机其他部件所承受的机械应力相比,火焰筒承受的机械应力是很小的。但是它需要承受危害结构完整性的高温和极高的温度梯度。在现代燃烧室中,火焰筒内的燃气温度峰值可超过2 100 ℃,这远远高于燃烧室火焰筒和涡轮叶片的熔点温度。因此,燃烧室设计必须充分考虑火焰筒壁面的冷却结构方案,同时兼顾结构的完整性和耐久性。

通常燃气初温每增加100 ℃,发动机效率可提高2%~3%。随着航空发动机性能要求的不断提高,燃烧室进口温度、压力以及燃烧室温升逐步上升,高温燃气向火焰筒壁面的热辐射强度日益增强,而冷却空气的进口温度日趋增高,冷却品质随之下降,且可用的冷气量愈来愈少,使火焰筒冷却问题越来越突出。此外,随着污染排放的标准越来越严格,对氮氧化物低排放的要求使得更多的空气被分配用于燃烧。这一趋势导致可用于火焰筒冷却的空气量持续减少。

因此不难理解,热端部件的耐热能力与工作条件之间的矛盾成为燃烧室设计的主要难点之一。显然当材料无法满足不断提高的温升时,燃烧室及其他热端部件的冷却热防护技术就成了至关重要的研究课题。

### 8.1.1 日益提高的发动机性能要求

图8-1所示为20世纪后半叶航空发动机涡轮前温度的发展趋势图。航空发动机一直向着高增压比、高涡轮进口温度和高推重比的方向发展。如:F119发动机涡轮前温度已经达到1 977 K,推重比为10,增压比为26;第五代发动机的推重比为15~20,燃烧室出口温度高达2 100~2 400 K。从第二代至第四代发动机,燃烧室壁温每代间以约300 ℃的跨度递增。

**1. 燃烧室进口温度 $T_3$ 不断提高**

航空发动机压比的不断提高,带来的直接影响是燃烧室进口温度的不断提高。如:WP8的压比为8,燃烧室进口温度500 K左右;F110的压比为24左右,燃烧室进口温度接近800 K,而新一代航空发动机燃烧室的进口温度已经超过900 K。通常,火焰筒最大壁面温度可按下式估算:

$$T_{wmax} \approx T_3 + (350 \sim 450)\text{ K} + 110\text{ K} \quad (8-1)$$

式中,$T_3$为燃烧室进口温度;括号内温度的选取取决于火焰筒的冷却方式,一般良好的气膜冷却约为450 K($E^3$发动机采用的冷却结构,其值约为350 K);最后一项110 K是考虑热带地区

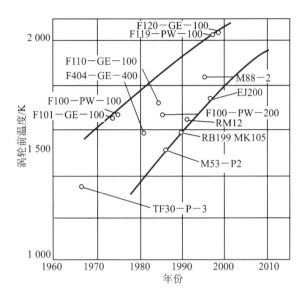

**图 8-1 涡轮前温度 $T_4$ 随年代变化趋势**

的影响。由此可知，$E^3$ 发动机的 $T_{wmax} \approx 1\,250$ K；对于推重比为 15~20 的发动机，估算 $T_{wmax} \approx 1\,530$ K。而目前耐热合金材料的长期工作温度为 1 050 K。

另外，燃烧室进口温度 $T_3$ 即火焰筒的冷却空气温度，它的不断升高，还将造成冷却空气的冷却效果迅速降低。当 $T_3$ 由 700 K 增加到 800 K 时，若要维持相同的火焰筒壁温，则需要增加冷却空气量 18.5%（见图 8-2）。

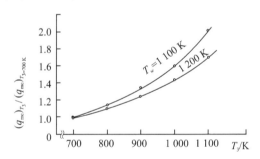

**图 8-2 $T_3$ 增加与冷却空气量的关系**

**2. 燃烧室出口温度 $T_4$ 不断提高**

为获得高推重比，燃烧室出口温度从 20 世纪 60 年代的 1 350 K 左右提高到 2 000 K 以上。目前先进的军用飞机燃烧室出口温度甚至能达到 2 400 K。

研究显示，如果采用常规气膜冷却结构，同时仍保持 45% 的冷却空气量，$T_4$ 增加到 1 800 K，则火焰筒壁温 $T_w > 1\,200$ K，如图 8-3 所示。

**3. 冷却空气量的不断减少**

事实上，为了提高燃烧室出口温度 $T_4$，燃烧室内油气比不断升高，随之而来的不仅是 $T_4$ 的不断增加，同时燃烧所需的空气比例也越来越大，因此，可用于冷却的空气所占比例越来越小。图 8-4 所示为燃烧室温升与可用冷却空气量的关系图,当燃烧室温升 $\Delta T = T_4 - T_3 = 800$ K 时,可提供 45% 的空气用于冷却(常规气膜冷却火焰筒的冷却空气用量);当 $\Delta T = 1\,100$ K 时,仅剩 30% 的空气可供利用,即冷却空气量减少了 1/3。

由此可见,随着 $T_3$,$T_4$ 的增加,火焰筒壁温 $T_w$ 必将增大。若采用目前已有的冷却技术和材料,就需要更多的冷却空气量,而这又是不可能的。因此必须采用更先进的冷却技术及其他措施(如表面涂层或新型材料)来解决,同时对燃烧室的设计、工作可靠性和安全性等提出了更高的要求。

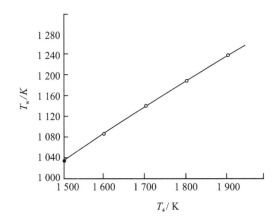

图 8-3  $T_4$ 增加对常规气膜冷却火焰筒壁温的影响

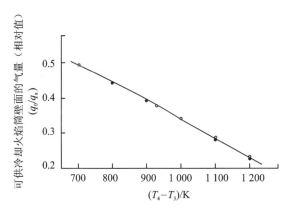

图 8-4  $T_4 - T_3$ 增加与可供冷却空气量的关系

## 8.1.2 发动机结构可靠性的要求

目前典型的高温燃烧室是以镍或钴为基础的合金(如 Hastelloy X 或 HS188)制造的,这些高温合金可以长期工作在 1 150 K 的温度下。当温度上升时,这些材料的强度会下降,超出安全范围;当温度达到 1 400 K 时,材料就会被快速氧化;当达到 1 550～1 750 K 的范围时,火焰筒材料即开始融化,如图 8-5 所示。

现代先进航空发动机燃烧室的进口气体压力可达 30 个大气压,温度在 800 K 左右,燃烧室出口温度将超过 2 500 K。燃烧室火焰筒在如此高温、剧烈振动和严重热冲击的恶劣条件下将产生很大的热应力、蠕变应力和疲劳应力,从而产生裂纹、变形、掉块、烧蚀和腐蚀等问题。

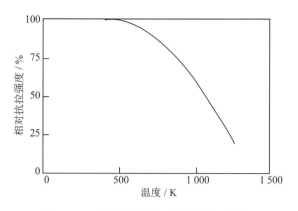

**图 8-5 火焰筒材料相对强度与温度关系**

早期的发动机部件寿命在返修之前只有几百个工作小时,需要经常拆卸检查。现在发动机部件的循环工作寿命可达几千个小时。据有关资料报道,热端部件的维修费可占整台发动机总维修费的 60%。而据以往的统计,发动机故障中 63% 是火焰筒的故障,5% 是燃烧室外套的故障,4% 是燃油喷嘴的故障。可见,火焰筒是发动机中故障最多的部件,也是限制发动机寿命的关键部件。因此,在高性能发动机研制中,如何采取有效的冷却措施,防止燃烧室头部和火焰筒被高温气体烧蚀是非常重要的,这也非常具有挑战性。

### 8.1.3　火焰筒冷却的特点

主燃烧室火焰筒冷却具有以下主要特点:

① 随着燃烧室的发展,进口温度不断提高,使冷却空气的冷却能力不断降低。燃烧室出口温度的提高及燃烧性能的要求,必须保证一定的燃烧空气、掺混空气和冷却空气量间的比例。冷却空气量是决定冷却形式的重要因素。目前的高温升燃烧室的冷却空气量只有总空气量的 20%～30%。

② 冷却流动受火焰筒压降的制约。火焰筒压降一般在 4% 以下,这使某些强化换热结构和高流阻冷却形式的采用受到一定的限制,在确定冷却方式和流道设计时必须考虑火焰筒压降条件。

③ 燃气对壁面有腐蚀,对冷却通道有堵塞作用,它关系着冷却结构的工作可靠性。对于较小孔的发散壁,其影响尤为突出。

④ 由于过大的壁温差常引起壁面的翘曲和裂纹等问题,所以让温度梯度降低到一个可以接受的水平尤为重要。因此,为了保证火焰筒有足够的寿命,火焰筒的壁温梯度必须在热应力许可的范围内。

## 8.2　主燃烧室火焰筒热防护

### 8.2.1　火焰筒壁面一维传热分析

图 8-6 所示为火焰筒壁面一维传热模型,主要包括 5 个传热过程:燃气对内壁面的对流换热,燃气对内壁面的辐射换热,壁面的径向导热,外部冷却空气流的对流换热以及壁面对燃

烧室机匣的辐射换热。

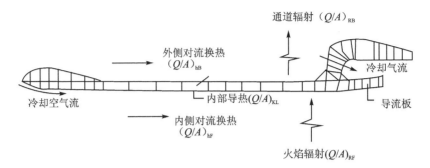

图 8-6 燃烧室火焰筒壁面一维传热模型

沿火焰筒壁面内部导热的热损失相对而言是很小的。对于一维分析，通常假设火焰筒的轴向和周向导热忽略不计；同时，由于壁厚相对其曲率半径很小，故可以假设内外壁面积相等。

由此列出热平衡方程如下，即进入火焰筒壁面的热流、壁面导热热流以及离开壁面的热流三者相等（参数定义请参考图 8-6）：

$$(Q/A)_{RF} + (Q/A)_{hF} = (Q/A)_{KL} = (Q/A)_{RB} + (Q/A)_{hB} \tag{8-2}$$

**1. 火焰筒外壁对流换热**

外壁对流换热关系式如下：

$$(Q/A)_{hB} = h_B(T_{LB} - T_{coolant}) \tag{8-3}$$

式中，$h_B$ 为对流换热系数；$T_{LB}$ 为火焰筒外壁面温度；$T_{coolant}$ 为冷却气体温度，通常假设 $T_{coolant}$ 等于燃烧室进口气体的温度。

在简单气膜缝槽冷却结构中，火焰筒外壁面的流动换热情况可以近似看成圆管进口区域的流动，对流换热系数可用以下关系式（Holman,1972）估算：

$$h_B = 0.036(k/D)Re_D^{0.8}Pr^{0.33}(D/L)^{0.0555} \tag{8-4}$$

式中，$D$ 为燃烧室外环的水力直径（两倍径向通道高度）；$k$ 为冷却气体导热系数；$Re$ 是雷诺数，它由通道内气流速度和水力直径 $D$ 决定；$L$ 为被测点距上游最近一排冷却孔的轴向距离。这个关系式适用于 $10 < L/D < 400$ 的情况，然而一般火焰筒 $L/D < 10$。当 $L/D = 10$ 时，式(8-4)可简化为

$$h_B = 0.032(k/D)Re_D^{0.8}Pr^{0.33} \tag{8-5}$$

对于完全发展湍流，关系式可以进一步简化为（Kays,1966）

$$h_B = 0.021(k/D)Re_D^{0.8}Pr^{0.4} \tag{8-6}$$

考虑进口影响（Kreith,1958）有

$$\frac{h_{BL}}{h_B} = 1 + (D/L)^{0.7} \tag{8-7}$$

上式适用于 $2 < L/D < 20$ 的情况。当 $L/D = 2$ 时，以上关系式可简化为

$$h_B = 0.034(k/D)Re_D^{0.8}Pr^{0.4} \tag{8-8}$$

当外部结构不规则时，可以把环板看成是由许多短而规则的板组成的，每块短板上附面层重新发展。

**2. 火焰筒外壁辐射换热**

假设各个表面都是灰体，火焰筒和机匣的轴向和径向温度分布均匀，且辐射只在火焰筒和机匣之间进行，则净传热量为

$$(Q/A)_{RB} = \frac{\sigma(T_{LB}^4 - T_{case}^4)}{1/\varepsilon_{LB} + 1/\varepsilon_{case} - 1} \quad (8-9)$$

式中，$\sigma$ 为斯特藩-玻耳兹曼常数；$T_{LB}$ 和 $T_{case}$ 分别为火焰筒和机匣壁温；$\varepsilon_{LB}$ 和 $\varepsilon_{case}$ 为对应的表面发射率。机匣温度可以假设为等于冷却气体温度。燃烧室典型材料——镍基合金氧化后的发射率在 0.8 左右。

**3. 火焰筒内壁对流换热**

火焰筒内壁对流换热关系式如下：

$$(Q/A)_{hF} = h_F(T_{film} - T_{LF}) \quad (8-10)$$

式中，$h_F$ 为对流换热系数；$T_{film}$ 为靠近内壁面的燃气温度；$T_{LF}$ 为火焰筒内壁面温度。

近壁燃气温度可以用气膜有效系数的定义来估算：

$$\eta_f = \frac{T_g - T_{film}}{T_g - T_{coolant}} \quad (8-11)$$

式中，$T_g$ 为主流燃气温度；$T_{coolant}$ 为离开气膜槽缝的冷却气体温度。

通过实验对不同模型的测试确定了气膜有效系数的关系式：

$$\eta_f = f(x/ms) \quad \text{或者} \quad \eta_f = f[(x - x_p)/ms] \quad (8-12)$$

式中，$x$ 为与冷却缝槽出口的轴向距离；$x_p$ 为潜在核心长度；$s$ 为缝槽高度；$m$ 为缝槽吹风比。

$$m = \frac{(\rho V)_{slot}}{(\rho V)_{mainstream}} \quad (8-13)$$

图 8-7 所示为气膜有效系数随函数 $x/ms$ 的变化关系。由图可知，靠近缝槽出口，火焰筒壁被冷却气体覆盖（$T_{film} = T_{coolant}$），气膜有效系数为 1.0；在气膜下游，冷却气流与燃气混合，气膜有效系数下降；在远离缝槽处，由于冷却空气与燃气充分混合，近壁的气膜温度接近燃气温度，气膜有效系数下降接近于 0。

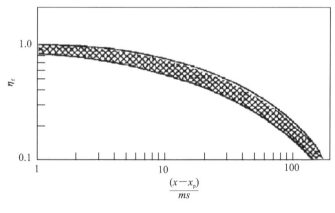

图 8-7 气膜冷却有效系数关系

对于许多实际情况,潜在核心长度 $x_p$ 大概是缝槽高度的 2~4 倍,假设 $x_p/s=3.0$,误差也很小。若假设 $x_p=0$,则要更保守估算气膜有效系数。

缝槽的结构对气膜有效系数变化曲线的影响如图 8-8 所示(Sturgess,1985)。对于传热分析,气膜有效系数值可以从图 8-8 或其他文献中的关系式中获得。

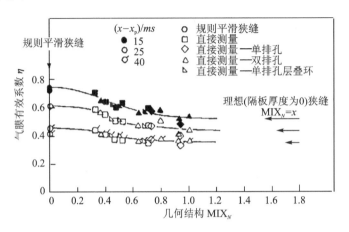

图 8-8 缝槽结构对气膜有效系数的影响

火焰筒内壁对流换热系数同样也是距上游缝槽出口长度的函数。下游靠近缝槽时,换热系数由缝槽处气流参数决定;下游远离缝槽时,换热系数由主流气流参数决定。对于许多实际情况,推荐以下关系式计算(Ballal、Lefebvre,1972):

当吹风比 $0.5<m<1.3$ 时

$$h_F = 0.069(k/x)Re_s^{0.7}(x/s)^{0.7} \tag{8-14}$$

当吹风比 $m>1.3$ 时

$$h_F = 0.10(k/x)Re_s^{0.8}(x/s)^{0.44} \tag{8-15}$$

其中,雷诺数 $Re_s$ 由缝槽出口高度和速度确定。

**4. 火焰筒内壁辐射换热**

火焰辐射作为最主要的火焰筒传热过程,其值是最难估算的,这主要是由于燃气成分和燃烧室内温度的变化范围很大,且固体颗粒(烟灰)浓度也不确定。因此,辐射量常常通过测量过去相似燃烧室的火焰筒温度来估计,再根据实验数据反过来计算火焰发射率。

如果没有相似实验测试数据,估算火焰辐射时可以假设:①燃气为灰体;②其浓度变化很小。由此,燃气对周围壁面(黑体)的辐射热流关系式为

$$(Q/A)_{RF} = \sigma(\varepsilon_g T_g^4 - \alpha_g T_{LF}^4) \tag{8-16}$$

在实际情况中,周围壁面不可能是黑体。对于金属火焰筒,大多数壁面的发射率在 0.8 左右。这个发射率意味着入射辐射的 20% 被反射。发射辐射有部分被火焰吸收,部分转移到相对的火焰筒壁面上。辐射热流可以通过以下关系式(Hottel、Sarofim 1967)估算:

$$(Q/A)_{RF} = \sigma\left(\frac{1+\varepsilon_L}{2}\right)(\varepsilon_g T_g^4 - \alpha_g T_{LF}^4) \tag{8-17}$$

式中,$\varepsilon_L$ 和 $\varepsilon_g$ 分别为火焰筒和火焰的发射率;$\alpha_g$ 为火焰的吸收率。对于金属火焰筒($\varepsilon_L$ 接近 1),这个关系式是比较可靠的。然而,当火焰筒发射率较低或者壁面涂有热障涂层时,需要考虑这

些条件带来的影响。

$\varepsilon_g$ 和 $\alpha_g$ 均为气体组分的函数。灰体火焰发射率主要由燃烧室内的水分和二氧化碳决定，可以利用燃烧室产物的发射率来计算。建议使用由 Reeves(1984)整理的如下基本火焰发射率关系式进行计算：

$$\varepsilon_g = 1 - e^z \quad (8-18)$$

$$z = -0.286 p (fl_b)^{0.5} T_g^{-1.5} \quad (8-19)$$

式中，$p$ 为火焰筒内压力(Pa)；$T_g$ 为燃气温度(K)；$l_b$ 为穿过火焰的有效路径长度(m)；$f$ 为当地贫油油气比，对于富油混合采用化学当量油气比。对于环形燃烧室，有效路径长度 $l_b = kH_d$，$k = 1.2 \sim 1.8$，$l_b = 3.4 \times$ (火焰筒体积/表面积)。

火焰吸收率 $\alpha_g$ 可通过下关系式计算：

$$\alpha_g = \varepsilon_g (T_g / T_{LF})^{1.5} \quad (8-20)$$

通常吸收率 $\alpha_g$ 的最大可能值为 1.0。

上述关系式均用各项平均值来计算某一段火焰筒的平均壁温。在实际的火焰筒中，气流速度和油气比在径向上的变化会导致燃气温度的不同。这些变化只能通过设计经验、相似燃烧室实验数据或者数值模拟计算加以修正。

通常建议燃气的平均温度 $T_g$ 由燃烧室进口温度 $T_3$ 和燃烧温升 $\Delta T_{comb}$ 求和得到：

$$T_g = T_3 + \Delta T_{comb} \quad (8-21)$$

燃烧温升 $\Delta T_{comb}$ 可以从标准的温升曲线得到。

**5. 火焰筒壁面导热**

火焰筒壁面导热热流关系式如下：

$$(Q/A)_{KL} = (k_L / t_L)(T_{LF} - T_{LB}) \quad (8-21)$$

其中，$k_L$ 为火焰筒壁面导热系数；$t_L$ 为火焰筒壁面厚度。

一旦所有热流表达式都以 $T_{LF}$ 和 $T_{LB}$ 表示，即可通过式(8-2)得到火焰筒各段的壁温。

## 8.2.2 火焰筒基本冷却结构

目前燃烧室部件的冷却方式大多仍采用气膜冷却，即向火焰筒内注入冷却空气，在内壁面(燃气侧)形成冷却气膜，保护火焰筒壁面。冷却空气温度与冷却气的引气位置有关，通常为燃烧室进口空气温度。

**1. 百叶窗式**

早期许多燃烧室采用百叶窗式火焰筒，如图 8-9 所示。它是将一块简易的薄金属板安装在壁面的间隙间，板上有一系列小孔。这种冷却方式的火焰筒质量小，造价低，制造简单。缺点是容易产生裂缝，寿命较短，不能很好地控制冷却气量。

冷气流量由百叶窗与火焰筒壁面的间隙控制。由于加工误差、安装变形(蠕变或裂缝)或因材料壁面温度梯度导致的暂时变形都会使这个间隙产生变化，从而引起冷却气量发生改变。此外，由于根部在安装时容易受到剪切力的作用，会有比较大的应力集中，容易产生裂纹。

某些燃烧室出口壁面也会用到百叶窗式结构，但自从出现环形燃烧室后，这样的结构就不再使用了。百叶窗式结构在不追求很长寿命的试验装置中还会经常用到。

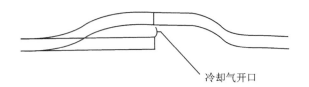

图 8-9 百叶窗结构

**2. 气膜冷却**

气膜冷却是火焰筒常用的基本冷却形式,即冷却空气经火焰筒壁面的气膜孔进入燃气侧,在火焰筒内壁面形成贴壁气膜。冷却气膜可起到冷却壁面的作用,更主要的作用是隔离燃气对壁面的热冲刷。它适合各种压降的工作环境和火焰筒的不同部位的冷却,其结构简单,发展成熟。当燃烧室出口温度小于 1 600 K 时,气膜冷却的冷却空气量可在 40% 以上;但随着温度的提高,单纯气膜冷却已不适用于高温升燃烧室。

气膜冷却的结构形式非常多,可以单独应用于火焰筒冷却,也可以与对流冷却、冲击冷却等构成复合冷却。图 8-10(a)所示为一种带导流环带的气膜冷却结构,也称缝槽式气膜冷却结构;图 8-10(b)所示为一种无导流环带结构,也称为 Z 型环带,其设计采用多排孔保证气膜均匀。

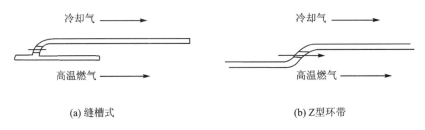

(a) 缝槽式　　　　　　　　　　(b) Z 型环带

图 8-10 气膜冷却

气膜进气方式有总压进气、静压进气和总静压混合 3 种形式。总压进气适用于低压降的环境,静压进气则相反,总静压进气能形成均匀的二维气膜。

**3. 对流气膜冷却**

对流气膜冷却(见图 8-11)是一种利用有限的火焰筒压降以提高火焰筒壁冷边速度进而增强对流换热的冷却形式。这种冷却方式适用于火焰筒中间段和尾部的冷却,这些部位的环腔速度通常较低,环腔流的冷却能力下降。

当流气膜冷却空气量在 30% 以上,可在对流缝槽配置强化换热的针型柱或纵向筋条。对流气膜冷却常与冲击冷却通常联合使用。

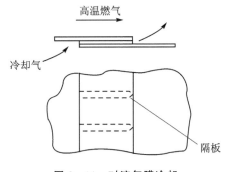

图 8-11 对流气膜冷却

#### 4. 波纹环气膜冷却

波纹环结构(见图 8-12)采用波纹状金属

图 8-12 波纹环气膜冷却

板以形成气膜孔,其结构强度比较高,但冷却气体实际流通面积对金属板厚度和环带直径非常敏感,因此相比于其他机械加工的环缝结构,这种结构难以控制气体流量。

#### 5. 冲击气膜冷却

冲击气膜冷却结构仅使用火焰筒两侧的静压差作为气膜冷却空气喷射的驱动力,充分利用火焰筒压降,用冲击射流提高火焰筒冷气侧换热系数。这种冷却结构多用于高温升燃烧室中,冲击冷却的冷却空气量为 25%～30%。

具体的结构形式较多。图 8-13 中的前三种结构都采用薄金属板加工制造,图(a)和图(b)两种结构的冲击环设计是在薄板圆周上打一排孔以控制冷却气量,气体从小孔冲击到导流板上,导流板连接在火焰筒内壁面上,之后气流在内壁面上形成均匀的气膜,与燃气平行的气体向下游流动。不同之处在于,图(a)中气流向上、向下游两个方向流动,而图(b)中所有冷却气流直接向下游流动。图(c)和图(d)是结构基本相同的两种冲击气膜冷却形式,它们的气动性能也非常相似,都是由大致平行的板叠加形成冷却缝槽。不同之处在于其加工方法,前者由一系列拉伸的薄环组成,薄环之间通过钎焊连接,通常称为叠加环;后者则由机械加工制成。

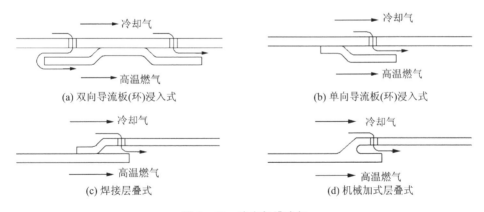

图 8-13 冲击气膜冷却

叠加环结构在 1960—1970 年间得到广泛应用。目前,机械加工环已经基本取代了叠加环。叠加环存的关键在于焊接点是否牢靠,焊接处是否有足够高的导热系数。若焊接处出现空隙,将会使冷却缝导流环部分出现高温。此外,叠加环火焰筒在金属板重叠部分有很高的应力集中。机械加工环可以用一块金属板加工而成,也可以通过几块金属板焊接而成。虽然增加了制造成本,但保证了结构的完整性。

叠加环和机械加工环火焰筒都有一个共同的缺点,在导流环带和冲击孔附近区域有很大的温度梯度。一方面,由于从前一排冷却槽缝流来的冷却气膜逐渐失效,环带尾部壁温显著上升,成为壁温最高的区域;另一方面,冲击孔附近被冷空气覆盖,金属壁温接近冷却空气进口温度,同时也由于导流环带的遮挡,隔离了火焰辐射,使壁温较低。因此,这个区域会形成很大的温度梯度。

为了减小这种温度梯度,通常采用的方法是缩短导流环带的长度。但这样会影响形成气膜的均匀性,显然长的导流环带更易使冲击孔射出的冷却气流相互合并形成均匀的保护气膜。

此外,为了解决冷却环缝闭塞的问题,有的火焰筒将环缝的导流环带加工成波纹形式(见图 8-14),由此导致的气膜不均匀现象并不明显。

图 8-15 所示为一种采用了轧环带设计的冲击冷却气膜结构,包含一个很短的导流环带和一个回流的冷却腔,以提供有效的气膜。轧环带火焰筒由一系列环组成,这些环经过轧制焊接在一起。

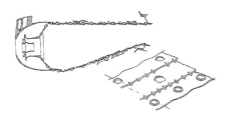

图 8-14 波纹式导流板

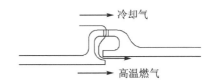

图 8-15 带回流冷却腔的冲击气膜冷却

## 8.2.3 火焰筒复合冷却结构

冷却气膜可以隔离高温燃气对火焰筒壁面的热传导,但无法阻隔高温燃气对壁面的热辐射,而火焰筒接收的热量主要是来自燃气的热辐射。因此,只能通过提高火焰筒壁面的散热来达到降低壁温的目的。具体可通过提高火焰筒外壁面向燃烧室机匣的辐射散热程度,强化冷却气流与壁面的对流换热,或是提高气膜绝热温比,但上述措施的效果有限。

目前,先进的火焰筒冷却结构设计的指导思想大多是:在 8.2.2 小节的基本冷却结构基础上复合其他的冷却方式,以进一步提高冷却效率、减少冷气量并延长火焰筒寿命,如提高背部冷却、分段壁面结构、发散冷却以及热涂层等。下面分别进行介绍。

**1. 双层壁火焰筒**

双层壁火焰筒(见图 8-16)是冲击气膜冷却结构的典型代表,它可同时实现对流气膜冷却和冲击气膜冷却。火焰筒燃气一侧的壁为主要承力件,外加 0.5 mm 厚的外套以形成双层结构;选择

图 8-16 双层壁火焰筒冷却结构

气膜孔为限流截面,当外套上的孔数和气膜孔数相等时,外套上的孔径是气膜孔径的 1.5 倍;若单壁火焰筒冷却孔的流量系数已知,双层壁流量系数可乘以一个系数,该系数一般取 0.9;双层壁间距 1.5~2.5 mm,间距过小则摩擦损失增加,流量减小,而间距过大则冲击速度减小,冷却效果变差;外壁孔尽可能开在该气膜段的后端,利用冲击效果可降低最高壁温;利用多排

冲击冷却,可更合理地利用冷却空气,减小壁面温度梯度。

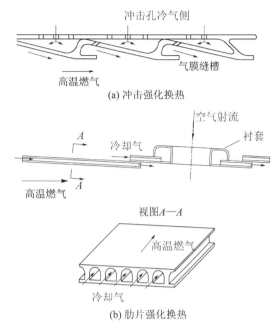

**图 8-17 增强冷侧换热的双层壁结构**

图 8-17 所示的两种结构均运用了双层壁冷却结构,在火焰筒冷侧采用冲击和肋片增强对流来提高冷侧对流换热系数。在冲击冷却中,冷却靠近喷嘴火焰筒壁面,冷却气体直接冲击高温部分;在强化对流冷却中,冷却空气快速流过火焰筒背面的狭窄通道。这两种方式都可以有效地提高换热效率。但双层壁结构势必会增加火焰筒重量,提高制造成本。

**2. 发散式冷却**

发散式冷却(见图 8-18)是一种充分利用发散孔壁的换热过程,以提高冷却空气的冷却能力、降低空气消耗量的冷却形式。发散孔形成的气膜是三维气膜。

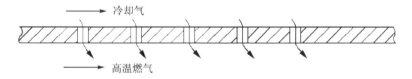

**图 8-18 发散式冷却**

发散式冷却的孔径和密度是设计的关键,通常用电火花在火焰筒上加工出大量密集的小孔,孔径范围为 0.4～0.7 mm。火焰筒内外气流压差迫使两股气流穿过壁面小孔进入火焰筒内。为了增加散热内表面,发散孔一般有 15°～30°的倾斜角。由于孔径小,射流穿透深度浅,且小孔密集,进入内壁的空气在贴壁外迅速形成一层薄膜。它虽不能有效阻挡辐射放热,却能大大减弱燃气对壁面的对流换热。

发散式冷却结构的冷却空气量约为 20%,但过小的孔极易被烟尘堵塞,加上燃气的腐蚀,极易使冷却效果下降,可靠性降低。若采用高密度的大孔结构,可改善堵塞腐蚀,但气膜品质较差,冷却空气量可达到 60%～70%,或者更大。

发散式冷却适用于火焰筒上小面积局部过热区或不宜安排气膜缝槽的火焰筒部位(如头部和尾部)。目前火焰筒全发散式冷却的实例是 GE90 发动机。

### 3. 多斜孔壁

多斜孔壁是一种近似发散式冷却的冷却结构,方法是采用钻孔金属板,也称为致密微孔或者多孔冷却。早期模拟这个模型采用的是在环带上打稍大的孔(见图 8-19);现在的方法是在环带表面打很多小角度的小孔。壁面的内部冷却跟孔直径和角度正弦值的平方成反比,气膜孔的冷却效率随孔尺寸和角度的减小而增大,可以有效减少冷却空气用量。考虑孔的堵塞,实际最小孔尺寸限定在 0.5 mm 左右,最小孔角度约为 20°。提高激光打孔能力可进一步减小孔的角度。

### 4. 席壁式冷却

尽管发散式冷却结构非常有效,但由于它的机械性能和透气性能目前还难以保证,因此提出了一种近似发散壁的新型全气膜冷却结构——席壁式冷却结构(见图 8-20)。席壁式冷却结构由一定条宽、厚度的高温合金钢带编织而成,自然形成许多小的方形冷却小孔。冷却空气进入这些小孔的冷却壁面,并在内壁面形成均匀气毯,可实现对内壁面有效的保护。

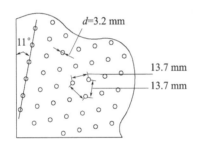

图 8-19 多斜孔壁气膜冷却火焰筒

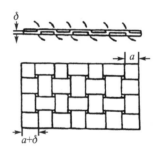

图 8-20 席壁式冷却结构

席壁式冷却结构的冷却效果好,壁温分布均匀,冷却气量少,且加工工艺比多斜孔壁、层板冷却结构简单,成本更低。

### 5. 层板冷却

目前研究显示,层板冷却(见图 8-21)性能接近发散冷却,是采用钎焊将多层带孔或槽(或凸台)的耐热合金片叠合而成。冷却空气从火焰筒内、外环道经由规律分布的小孔流入,然后在下层板料上的小槽道中或小凸台之间流动,再经该层板上的小孔进入再下一层的通道,至最下层有规律排布的小孔排出,形成气膜层。

图 8-21 层板冷却结构

层板内表面的面积密度(内部传热表面积与容积之比)远远超过常规的冷却结构,从而能充分利用层板内部的对流换热来保证冷却效果。最下层密布的小孔板类似于多孔发散壁,可以形成均匀的气膜保护层。

层板冷却空气量仅为20%左右,气流孔可比发散孔大些,可改善小孔的堵塞腐蚀。层板的冷热边之间壁温梯度较大,其热应力较大。层板冷却的最大缺陷是工艺性差,加工困难,因此限制了它的应用和发展。

在多孔层板发散冷却的研究和应用中取得成效的主要有英国的RR公司和美国的GE公司。图8-22所示为RR公司的Transply型和GE公司的Lamilloy型层板结构。这两种层板结构均由三层材料构成,即采用钎焊将多层耐热合金片叠合而成。两种结构的内部表面都有很高的对流换热系数,同时大量的微小、低速气膜孔可形成有效、均匀的气膜。

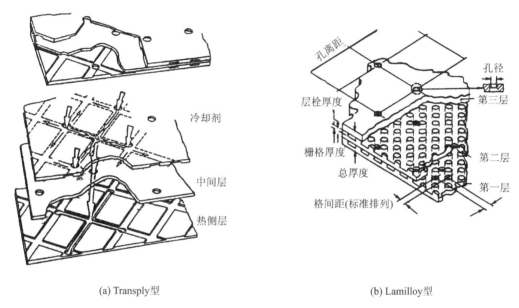

(a) Transply型　　　　　　　　(b) Lamilloy型

图8-22　Transply型和Lamilloy型多孔层板冷却结构

**6. 热涂层**

热涂层(TBC,也叫陶瓷涂层)已经在燃烧室的制造中得到了很大程度的应用。一个典型的热涂层包含几层不同材料的涂层,采用等离子技术喷涂在壁面上。首先是金属连接层,典型成分为Ni,Cr,Al,Y,厚度为0.1 mm;接下来的一层或多层为陶瓷材料,总涂层厚度大概是0.4 mm左右。热涂层的热导系数比普通金属低一个数量级,起到了很好的隔热作用,同时低发射率热涂层表面可以有效反射火焰的热辐射。具有热涂层的材料温度将下降50 K。

**7. CMC火焰筒壁**

CMC火焰筒壁也称柔性金属陶瓷火焰筒或复合材料火焰筒。在苛刻的设计条件下,CMC要求的冷却空气量要比一般气膜冷却减少80%以上。它是在厚陶瓷隔热涂层(TBC)与高温合金衬底之间使用一种烧结金属纤维结构(见图8-23),这种中间纤维结构金属垫用于吸收柔性金属层和陶瓷层被加热时所产生的不同程度的热膨胀,这样冷却空气可以进入多孔的柔性金属层并以对流方式冷却陶瓷层背面。

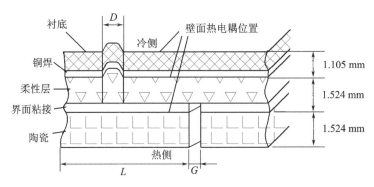

$D$—孔径;$L$—陶瓷瓦片的尺寸;$G$—陶瓷瓦片的缝宽

**图 8-23 CMC 火焰筒壁面**

为了避免柔性层受热氧化,陶瓷层/柔性层的界面温度限制为不高于 954.4 ℃。目前采用 CMC 的燃烧室,在设计点下陶瓷层/柔性层界面最高温度为 827 ℃,远低于设计极限 954 ℃。

**8. 分块式火焰筒**

分块式火焰筒也称浮壁式火焰筒,它是为了满足高性能发动机燃烧室所需的工作温度高、排放低、冷却气量少及工作寿命长的要求而开发研制的,是一种先进冷却技术和创新的火焰筒结构相结合的部件技术。它主要解决了常规火焰筒在高负荷条件下因火焰筒壁温不均而引起的低循环疲劳裂纹故障等问题。

图 8-24 和图 8-25 所示分别为两种不同结构的分块式火焰筒壁面,其主要特点是对整体圆环进行分段和分块,因此允许火焰筒块自由热膨胀,这样可以消除或减小结构内部热应力。同时使火焰筒采用的材料和工艺更加灵活,如采用高熔点材料和铸造工艺,甚至可采用陶

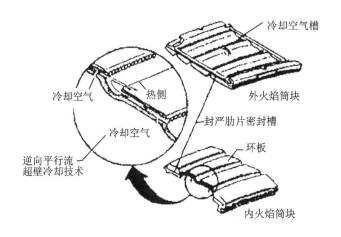

**图 8-24 逆向平行流翅壁冷却结构**

瓷块。此外，分块式火焰筒的可修复性好，即个别损坏的陶瓷块可更换。美国 P&W 和 GE 公司在各自研制的 $E^3$ 发动机上均采用了分块式火焰筒设计，也已在新研制的 PW4084、PW6000 等发动机火焰筒上采用了该设计。

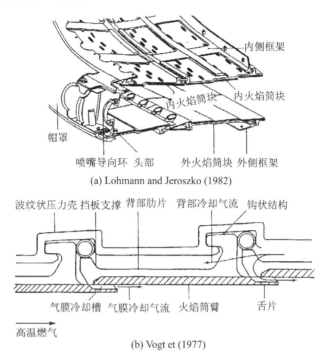

图 8-25 分块式火焰筒壁面结构

## 8.2.4 火焰筒失效形式

最普通的火焰筒失效形式是由于低周期性疲劳引起的断裂和扭曲变形。

热应力集中是由火焰筒的刚性和温度分布不均共同引起的。图 8-26 所示为机械加工环火焰筒的典型温度分布。刚性较高的冷环部位（图中 $A$，$D$ 点）工作在冷气侧，温度较低，与之直接相连的导流环（图中 $B$，$C$ 点）工作在燃气侧，温度很高（气膜的失效），因此刚性的冷环带与高温

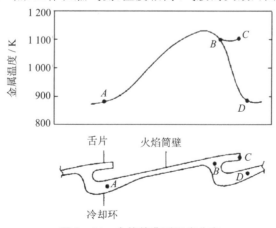

图 8-26 火焰筒典型温度分布

的导流板之间形成很大的温度梯度。环带上将产生很大的应力,最终产生扭曲变形甚至开裂。

图 8-27 所示为一个因延展拉伸变形导致燃烧室损坏的例子。冷却气体出口边在高温燃气的作用下向冷环带延展变形,使得冷环带出口截面面积减小,导致出口冷却气量减少,进而致使下游火焰筒壁面温度过高。

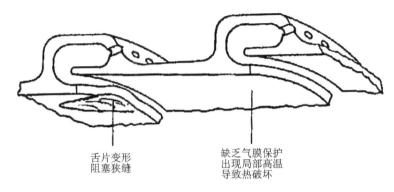

图 8-27 燃烧室损坏图

除了扭曲变形,轴向开裂也是致使火焰筒失效的问题之一。它可以从一块环带传递到另一块环带,并不断扩大,直到非常严重的程度。同时外部裂缝还可能会向内部发展。高温燃气周期性变化是产生这种问题的主要原因。

### 8.2.5 火焰筒材料

提高燃烧室工作压力和温度可以提高发动机的性能,降低燃油消耗;但工作压力和温度的提高同时也对燃烧室材料提出了更高的要求。过去几十年里,材料和制造工艺的不断改良使材料具有更好的耐高温性能和更低的制造成本。

目前生产的火焰筒通常是由镍基或钴基合金制造而成的。这些传统材料现在仍具有一定的发展潜力,在航空领域未来一段时间内将继续占据主导地位。从长远来看,陶瓷材料和陶瓷基复合材料由于具有更加优异的性能,随着制造、加工技术的不断进步,它们将成为火焰筒制造材料的重要发展方向之一。

对火焰筒材料的基本要求如下:①高温强度;②抗氧化和抗腐蚀;③低密度;④低热膨胀系数;⑤低弹性模量系数;⑥耐热疲劳;⑦低成本;⑧制造工艺简单;⑨高导热系数。

由此可以看出,具有良好的机械强度和高温下的耐氧化性已经不再是评价火焰筒材料性能的唯一指标。目前普遍使用的金属合金在 1 100 K 时可长期使用,但当温度上升到 1 300 K 时材料氧化加快,不过可以在热端部件表面使用抗氧化的热障涂层来降低对材料耐氧化性的依赖。

低成本的要求对于发动机所有部件都是一样的,但往往材料越耐高温,其价格就越高昂。对航空发动机燃烧室来说,低密度的重要性已经毋庸置疑了。

在一些特征结构处(比如掺混孔或冷却缝槽)具有很大的温度梯度,这必将导致很高的温度应力。因此,好的热疲劳强度是保持火焰筒寿命长的首要条件。

高的导热系数可以加快火焰筒壁面高温区域的热扩散。这在类似多孔结构中更加有利,比如 Lamilloy 型、Transply 型和发散式冷却结构,这些结构的冷却效率很大程度上依赖从火焰筒壁面到冷却气的高热传导效率。

(1) 合金材料

在过去的几十年里,镍基合金 Nimonic 75 和 Hastelloy X 分别被英国和美国广泛用作制作火焰筒的薄壁材料。这主要归功于这些合金材料易于制造与焊接的特性。它们可以长时间工作在最高温度达 1 100 K 的环境中,但当温度高于 1 100 K 时,其强度则无法满足要求。

现代火焰筒广泛使用的合金材料是 Nimonic 263 和钴基 Haynes 188(HS 188),它们在高于 1 170 K 时仍有较高的强度。此外,Nimonic 263 比 Nimonic 75 有更好的热强度特性,并且更易制造,价格也更低。

(2) 陶瓷材料

尽管在可预见的将来,金属材料依然会占据主导地位,但随着材料自身以及加工工艺的进步,从长远来看陶瓷材料更符合未来发动机的工作要求。

陶瓷在高温时有良好的机械强度、较低的密度,遇热时其氧化稳定性远高于未受保护的金属和合金。这些特性将解决设计中日益突出的低冷却空气量与高温升的矛盾。

在硅化合物中最有前景的当属碳化硅和氮化硅。单片氮化硅和碳化硅在温度高达 1 680 K 和 1 880 K 时分别具有较高的强度和刚度。而其他成分如陶瓷的主要缺点是尽管在高温时比较坚固,却没有韧性金属所具有的韧性和强度。陶瓷基结构的一个重要优点是当失效发生时,它的断裂是一个渐变的过程,而不是像单片材料一样会发生灾难性的断裂。此外,关于陶瓷固有脆性的一系列问题仍然存在,比如吸入异物时会造成损坏等。

## 8.3 加力燃烧室隔热屏热防护

由本书第 7 章介绍可知,加力燃烧室是军用航空发动机的重要组成部分,其主要作用是在飞机起飞、机动加速过程中,提供额外的推力。虽然加力燃烧室仅占发动机质量的 20%,但能产生 40%~50%(涡喷发动机)乃至 60%~70%(涡扇发动机)的推力增大比。因此,在世界各国的军用飞机发动机中,加力燃烧室占有重要地位。

加力燃烧室与主燃烧室不同,出口没有连接高温转动部件,因此出口温度和温度场分布都没有过多限制,出口平均温度常能达到 2 200 K 以上。同时,加力燃烧室内有时会出现强烈的压力振荡,形成振荡燃烧,这对结构部件造成比较大的破坏,使加力燃烧室的使用寿命缩短。加力燃烧室内加装的防振隔热屏,其主要功能是消除压力振荡和保护加力燃烧室壁面不被高温燃气烧蚀。通常将处于稳定器下游的一段称为防振屏,防振屏之后的一段称为隔热屏。

隔热屏挂于加力燃烧室筒体之内,与筒体之间的间隔形成环形冷却通道。冷却气流经冷却通道,通过隔热屏上气膜孔引入,在隔热屏的高温燃气侧形成气膜,对隔热屏进行有效的热防护,进而保护加力燃烧室筒体。

### 8.3.1 隔热屏结构分类

纵观隔热屏的发展历史,可以将隔热屏结构分为 3 类,分别是圆筒隔热屏、横向波纹板隔热屏、纵向波纹隔热屏。

圆筒隔热屏是加力燃烧室最早采用的结构形式,其沿轴向截面形状如图 8-28 所示,每一小段隔热屏间的连接处开设缝槽使冷却气进入燃烧室冷却隔热屏壁面。早期的加力燃烧室温度较低,圆筒隔热屏上的气膜孔主要用来吸收压力脉动振荡能量,防止振荡燃烧。对于现代高性能的加力燃烧室来说,圆筒隔热屏已难以满足其冷却需求。

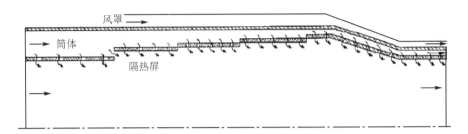

图 8-28 圆筒隔热屏

随着涡喷加力燃烧室的发展,横向波纹隔热屏取代了圆筒隔热屏,其横向截面形状如图 8-29 所示,横向剖面为"花瓣型",深入燃气一侧的波纹称为波峰,靠近筒体一侧的波纹称为波谷。横向的波峰和波谷之间形成了有效的回流区,使得冷气潜力得到更为充分的利用,有效提高了冷却效率。相比早期的圆筒隔热屏,横向隔热屏的末端温度分布更加均匀,有利于减少热应力,延长加力燃烧室的使用寿命。

横向波纹也有其缺点:在实际飞行过程中,当飞行速度较低且冷却流量较小时,难以通过具有小孔径的波纹板来形成有效的冷却气膜。只有当孔径较大时,才能在波峰与波谷之间形成稳定的回流区,冷却效果会更好。当飞机飞行速度较快时,小孔径的波纹板冷却气膜的质量得到改善,而大孔径的隔热屏则由于流量过大,冷却孔出流对主流的影响大,掺混剧烈,气膜贴壁效果变差,冷却效果也变差。这种冷气流量特性在一定程度上限制了战斗机的飞行速度,使其性能难以充分发挥。

进入涡扇加力燃烧室时代,加力燃烧室径向相对尺寸增大,隔热屏随之发展成为现在广泛应用的纵向波纹隔热屏,纵向波纹隔热屏轴向截面如图 8-30 所示,纵向波纹沿轴向一般为周期性的正弦波形结构。其优点十分明显:纵向波纹隔热屏燃气侧形成的气膜可以相对稳定地驻留在波谷里,冷却效果更好、冷气需求量更小,对冷气的利用效率更高;同时,波纹状隔热屏在受热时也能够减少热应力,提高航空发动机的可靠性以及使用寿命;此外,纵向波纹隔热屏能有效吸收纵向振动能量、抗翘曲变形能力强,有效提高了加力燃烧室的结构稳定性。

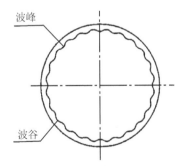

图 8-29 横向波纹隔热屏横截面

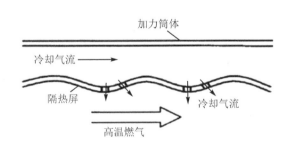

图 8-30 纵向波纹隔热屏轴向截面

## 8.3.2 隔热屏冷却方式

加力燃烧室隔热屏所处的工作环境是比较复杂的。对于涡扇发动机,加力燃烧室的冷却空气温度一般不超过 300 ℃;对于涡喷发动机,冷却空气的温度在 500~800 ℃;隔热屏内侧的燃气总温一般都在 500~1 850 ℃。冷、热气流的温差很大,加力隔热屏壁面温度最高可达到 1 100 ℃左右,最低值可低至 200 ℃(涡扇发动机)至 500 ℃(涡喷发动机),沿轴向和径向温度梯度远高于主燃烧室火焰筒壁面。

加力燃烧室隔热屏的热防护措施与主燃烧室是类似的,依然以通过壁面冷却孔引入冷却气膜为主要冷却方式,目前广泛使用的是离散孔形成的气膜冷却,另外还有发散冷却,以及双层壁和层板冷却等。

气膜冷却是广泛应用于燃气轮机热端部件热防护的一种高效冷却方式,其冷却对象包括主燃烧室火焰筒、涡轮叶片、加力燃烧室隔热屏以及尾喷管壁面等高温部件。气膜冷却可根据冷、热压力差,灵活选用总压进气、静压进气或混合进气方式。气膜引入结构可以是槽缝、轴向气膜孔,或是带有角度的气膜孔。隔热屏的壁厚通常在 0.5~0.8 mm,往往采用轴向气膜孔。

图 8-31 所示为纵向隔热屏气膜冷却结构,隔热屏波纹通常呈正弦波纹,每个相邻的波峰和波谷构成隔热屏的一波,其上开有多排气膜孔,多为错排排布。轴向开孔位置和孔排数可根据燃气温度和流量分配灵活布置。图 8-32 所示为纵向隔热屏燃气侧流场结构,理想的开孔布局如图所示,在波峰处形成稳定气膜层,在波谷内形成"驻定"的冷气涡系,阻隔高温燃气对隔热屏的对流换热。

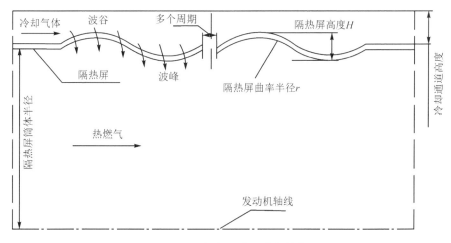

图 8-31 纵向隔热屏冷却结构

发散冷却同样可以应用于带有波纹的隔热屏热防护,利用隔热屏两侧的静压差,冷却气流通过壁面上的大量微细小孔进入热燃气一侧,一方面可在壁面内的微细小孔内形成大量的对流通道,提供非常大的表面积使冷却空气与壁面进行充分的对流换热;另一方面,微量的冷却气流进入燃气侧后相互合并,在隔热屏壁表面形成均匀的冷气保护层,以阻隔燃气与壁面的对流换热。发散冷却是多种冷却方式中最节省冷气的一种,适合大面积冷却的结构。缺点是微细的小孔存在积碳和表面氧化、易阻塞等问题,在实际应用中受到一定限制。图 8-33 所示为整体都开有密集隔热屏小孔的隔热屏,这种密集孔排结构的气膜保护效果较好,冷却效率有了显著提升,且结构径向温度梯度与热应力大大降低,抗疲劳强度也有了显著提高。

层板冷却是一种新型的冷却方式,冷却效率高且用气量少,其消耗的冷却气量可为当前采用的气膜冷却方案的 40% 左右。目前在主燃烧室设计中已有应用,但因结构复杂、成本高、增

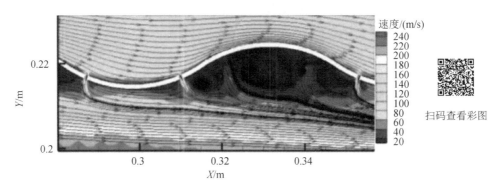

图8-32 纵向隔热屏冷却流场结构

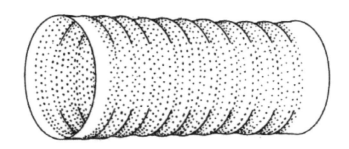

图8-33 密集开孔的纵向隔热屏

重较多,尤其流阻大,对冷、热气流压差要求较高,在加力燃烧室上尚未得到广泛的应用。

## 8.4 燃烧室喷嘴热防护

燃烧室的燃油喷嘴是航空煤油雾化进入燃烧室燃烧之前流过的最后部件,其工作原理及主要类型已经在本书的第5章有详细讲解。传统的燃油喷嘴大体由喷油杆和喷嘴头部两部分组成。如图8-34所示,喷油杆位于燃烧室扩压器后,起连接燃油总管与喷嘴头部的作用;喷嘴头部则位于火焰筒头部,起雾化燃油的作用。航空发动机工作时,喷油杆主要受到扩压器出口气流对流加热;而喷嘴头部则不仅受到来流空气的对流加热,同时受到火焰筒内燃气向后的辐射以及火焰筒壁面的辐射换热。

燃油在喷嘴内部受热温升达到一定临界温度后,会出现结焦现象,附着在油路表面的油焦,使流通面积减小,改变喷嘴的雾化特性,甚至会堵塞喷嘴,影响火焰筒内燃烧组织,造成火焰筒烧蚀、燃烧室熄火等情况。过高的燃油温度会使供油系统部件的寿命减少几百甚至数千小时,并对燃油质量及喷嘴的寿命造成较大影响。此外,火焰筒内燃烧组织的异常情况还会改变火焰筒出口温度场的分布,进而影响涡轮叶片的正常工作。因此,随着燃烧室进口温度不断的提高,温升不断增加,喷嘴的热防护逐步成为航空发动机燃烧室设计的一项重要工作。

### 8.4.1 燃油结焦机理

航空煤油是一种吸热性碳氢燃料,由各种各样不同种类的碳氢化合物组成,包括C5-C16等多种链烃、环烷以及芳香族化合物,其具体的成分因原产地、厂家以及年份等而有所变化。

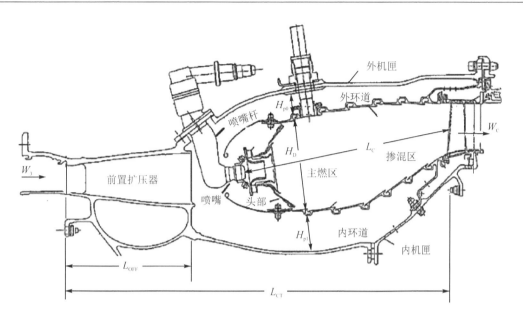

图 8-34 燃烧室结构

影响航空煤油等碳氢燃料热稳定性的根本因素是燃料中的化学成分。其中烷烃和环烷烃等饱和烃的性质相对稳定,以环二烯烃、共轭二烯烃和带不饱和侧链的多环芳香烃为主的不饱和烃的性质最为活跃,是诱发热氧化反应的主要因素之一。

总体来说,燃油结焦沉积是一系列复杂的化学反应和物理过程,依照其发生机理可分为热氧化结焦和热裂解结焦两种形式。温度是决定碳氢燃料结焦反应过程的重要影响因素,不同反应温度下燃油的反应类型和生成的产物有很大差别。

图 8-35 所示为燃油结焦形成随温度变化的情况,研究显示当油温升高到 420~450 K 时,燃油中的溶解氧与燃油中的组分发生反应生成自由基产物,即结焦前体,继而引发一系列自由基链式反应最终生成焦体沉积物,其结焦形式主要是通过热氧化反应生成结焦,故称之为热氧化结焦或自氧化结焦。热氧化结焦过程中溶解氧浓度对结焦沉积物形成的速度影响较大,随着温度的升高,热氧化反应速率加快,温度达到约 550~650 K 时热氧化反应速率达到峰

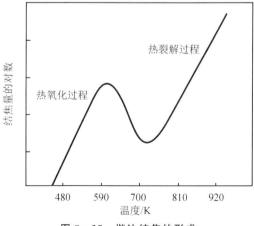

图 8-35 燃油结焦的形成

值,随着溶解氧消耗殆尽,热氧化反应逐渐结束。

随着燃油温度继续升高到约 700~755 K,结焦反应逐渐向热裂解反应阶段转变。在热裂解反应和物理聚合的作用下,化学键断裂,裂解成更小的烷烃和部分氢元素,生成结焦沉积物,即热裂解结焦。当热裂解结焦占主导地位时,该状态下的结焦沉积量会大量增加。

燃油结焦沉积产生的油焦表观形貌随油焦生成温度的不同,也有不同的典型形貌。图 8-36 所示为航空煤油在相对较低温度下获得的以氧化结焦为主的油焦表观形貌,具有典型的球状颗粒叠加特点。图 8-37 所示为燃烧室文氏管壁面形成的高温裂解油焦表观形貌,是典型的层叠状。

图 8-36 RP-3 油焦形貌图

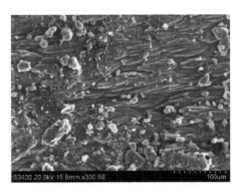
图 8-37 RP-3 高温裂解油焦形貌图

由本章前述可知,目前航空发动机主燃烧室喷嘴内部的燃油结焦机理主要还是热氧化结焦。因此,要抑制喷嘴内部的结焦,须控制喷嘴流道内的燃油热氧化结焦沉积。

### 8.4.2 喷嘴热氧化结焦特性

影响燃油氧化结焦沉积的主要因素可归纳为化学反应因素和物理扩散因素两个方面。其中,化学反应因素主要包括:燃油成分、溶解氧浓度、燃油温度和接触壁面材料等;物理扩散因素主要包括:燃油流态、油温、壁温等。燃油中的结焦前体产生速率主要由复杂的化学反应因素决定。物理扩散因素不仅影响燃油流道中已经生成的焦团向壁面扩散,同时通过影响燃油中溶解氧和自由基产物向高温壁面的迁移,进而影响两者在高温壁面区域发生进一步氧化反应并结焦沉积的过程。因此,物理扩散过程涉及的具体热力参数和影响机理更为复杂。

管内流动的燃油受热后,发生热氧化结焦沉积反应。随着燃油的流动,油温会不断升高,温度升高使热氧化结焦反应速率增加,其结焦量则会随着燃油温度的升高不断增大。高温使燃油中溶解的氧加速消耗,导致溶解氧浓度下降,同时高温还会使结焦前体受热分解。因此,结焦量达到峰值后,在溶氧量和结焦前体浓度下降的综合影响下,热氧化结焦速率降低,结焦量随之减少。图 8-38 所示为在平直管中燃油随温度不断升高的沿程结焦量变化情况。

在热氧化结焦沉积过程中,燃油中溶解的氧直接参与生成结焦前体的反应,其浓度直接影响结焦化学反应速率。随着燃油中溶解氧浓度的增加,氧化反应速率显著增强,燃油结焦量明显增加。因此,去除燃油的溶解氧是一种降低热氧化结焦的有效方式。

金属表面对结焦反应可能产生催化作用,因此壁面材料的不同也会对热氧化结焦速率产生影响。通常称为反应器材料表面效应,即指反应管表面材料的物理性质和化学性质对结焦

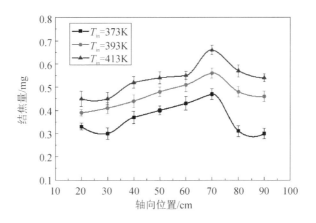

图 8-38 水平流动下 RP-3 沿程结焦量变化情况

过程的影响。其中,金属 Cu 对热氧化反应的催化作用十分显著,甚至可以比普通不锈钢材料的结焦量高出 1 个数量级。关于金属催化程度的影响,国内外研究结果也不尽相同。国外有研究显示,Fe、Co 和 Ni 等元素对结焦速率的催化作用显著。此外,粗糙的表面更容易生成结焦,油管表面的粗糙度是反应器材料表面效应的另一个重要因素。

燃油流态对油管内热氧化结焦特性的影响是多方面的,也是最为复杂的因素。一方面燃油流速越高,管内换热系数越大,燃油带走热量越多,同时在高温油管内的停留时间越短,越不利于结焦前体的生成和在壁面的沉积附着。但另一方面,在几何条件不变的情况下,流速的增加同时增大了雷诺数,提高了燃油的湍流度,也增大了焦团向壁面扩散沉积的概率(尤其是在管径较小的情况下)。

### 8.4.3 喷嘴热防护措施

随着燃烧室性能要求的不断提高,燃烧组织方式以及燃油喷嘴的结构形式都发生了显著变化。分区燃烧是目前广泛采用的燃烧技术,即将燃烧室分为几个燃烧区,通过调控不同区的油气比来调节各个燃烧区的温度分布。为实现组织分区燃烧,势必采用更为复杂的供油系统(喷嘴),往往包含多条油路供油。其中最典型的代表是 GE 公司研发的双环预混旋流器燃烧室,图 8-39 所示为该燃烧室头部油气组织结构。

针对如此复杂的喷嘴,控制其燃油热氧化结焦的主要途径有两条:

① 从热氧化结焦的化学反应机理入手,进行燃料脱氧、燃料精制、加入添加剂以及系统表面改性等处理,从而降低结焦的化学反应发生,或是提高燃油的热稳定性温度。

② 针对供油系统构造,外部采用隔热措施,减少喷嘴外部高温环境对油管壁面的对流换热;内部合理设置油路结构,控制燃油流态,达到降低燃油温升、减少结焦前体扩散沉积概率,从而有效抑制燃油在流道内热氧化结焦。

燃料中的溶解氧是热氧化结焦反应的引发剂,燃料脱氧是延缓氧化、减少结焦量最直接的方法,除氧方法分为物理除氧与化学除氧两种。物理除氧主要通过超声波、过滤装置、惰性气体、真空加压等方法实现氧气的溢出,物理除氧的方法虽然原理简单,但由于设备的体积、重量较大,无法应用于真实的飞行环境。化学除氧是向燃料中加入可溶的除氧剂,它可以在燃料与氧分子结合前与溶解氧发生反应达到燃料脱氧的目的。

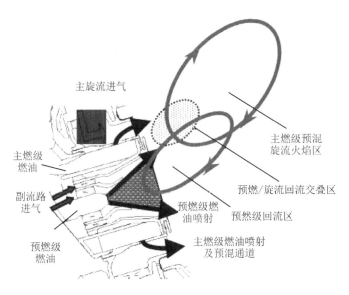

图 8-39 TAPS 燃烧室头部油气组织结构

燃料精制是通过提取、氢化和吸附等精炼技术去除燃料中的杂原子与极性物质,可以有效地提升燃料的热氧化稳定性。例如,加氢脱硫、吸附脱硫等脱硫手段都被应用于提高燃料热氧化稳定性的研究。除了去除不稳定成分之外,增加高稳定性化合物的含量也是提高航空燃料热稳定性的另一种手段。

燃油添加剂也是提高燃料热氧化稳定性的有效措施之一。在航空燃料系统内主要使用的是抗氧剂/供氢剂、分散剂和金属减活剂(MDAs)。这些单一添加剂以及由多种添加剂混合制成的复合添加剂通过改变热氧化结焦的反应历程,抑制或中止自由基的生成与增长,提高燃料的热稳定性,从而提高航空燃料使用的热氧化极限温度。

外部隔热层的材料通常为空气和陶瓷等耐热高热阻材料。图 8-40 所示为一个包含主、副油路的喷嘴,喷油杆外部不仅布置了空气隔热层,同时加入了陶瓷隔热片,以达到喷嘴内燃油湿壁温度降低 110 K 的隔热效果。

对于多路供油的喷嘴,内部控制燃油温升的一个有效措施是利用不同油路燃油冷沉差异,通过燃油流路的合理布置,利用在流道内相对温升低的燃油冷却相对温度升高的油路燃油,尽可能使各路燃油出口温度接近,均不超过热氧化结焦的临界值。图 8-41 所示为 TAPS 燃烧室头部主/副油路布局剖面结构,整个喷嘴外部采用了空气隔热屏包裹、喷嘴内部采用主油路与两路副油路相互换热的措施降低燃油温升,避免燃油的热氧化结焦。

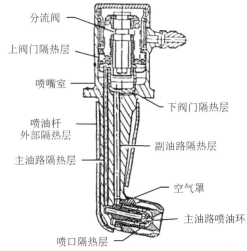

图 8-40 F404 发动机燃油喷嘴

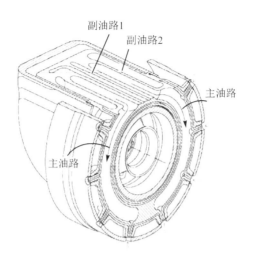

图 8-41 TAPS 燃烧室头部主/副油路布局剖面图

## 思考题

1. 航空发动机性能的不断提高对主燃烧室热防护提出了什么要求？
2. 主燃烧室火焰筒冷却特点是什么？
3. 简要分析火焰筒壁面一维传热分析模型，吹风比的定义是什么？如何评价火焰筒壁面的冷却性能？
4. 加力燃烧室隔热屏的功能是什么？有哪些构型分类？基本冷却方式有哪些？
5. 简述燃烧室燃油喷嘴需要热防护的原因。
6. 简述燃油热氧化结焦机理和主要影响因素。
7. 燃油喷嘴主要有哪些热防护措施？

# 参 考 文 献

[1] Meller A M. Design of Modern Turbine Combustors. New York:Academic Press,1990.
[2] Lefebvre A H,Ballal D R. Gas Turbine Combustion. USA:CRC Press,2010.
[3] Mattingly J D. Elements of Gas Turbine Propulsion. New York:AIAA Education Series,2005.
[4] Mattingly J D,Heiser W H,Pratt D T. Aircraft Engine Design. New York:AIAA Education Series,2002.
[5] Oates G C. Aerothermodynamics of Aircraft Engine Components. New York:AIAA Education Series,1985.
[6] 林宇震,许全宏,刘高恩. 燃气轮机燃烧室. 北京:国防工业出版社,2008.
[7] 侯晓春,季鹤鸣,刘庆国,等. 高性能航空燃气轮机燃烧技术[M]. 北京:国防工业出版社,2002.
[8] 岑可法,姚强,骆仲泱,等. 燃烧理论与污染控制. 北京:机械工业出版社,2008.
[9] 尚义. 航空燃气涡轮发动机. 北京:航空工业出版社,1995.
[10] 赵清杰,李彬. 浮动瓦块冷却结构在燃烧室中的应用和发展. 燃气涡轮试验与研究,2001,14(1).
[11] 左渝钰,张宝城. 航空发动机主燃烧室火焰筒壁冷却的研究. 航空发动机,2002(4).
[12] 李继保. 航空发动机主燃烧室设计[M]. 北京:科学出版社,2022.